任性出版 CAREER FIT 仕事のモヤモヤが晴れる適職の思考法

實現自我的不是天職，是適職

日本最大新創遠距公司 Caster 前營運長

石倉秀明——著

黃立萍——譯

該不該繼續這份工作？去考個證照吧？我該當主管嗎？

讓工作迷茫瞬間消散的適職思考法。

Contents

第二章 尋找能凸顯你優勢的環境 043

第三章 能獲得最高評價的「適職」 099

第四章 職涯發展七大謬誤 159

推薦序一
與其花時間克服弱點，不如找到能發揮優勢的地方

矽谷ＡＩ新創Taelor執行長、前Meta電商產品經理／矽谷阿雅

有夢最美，但你是否也有這些疑惑：「不知道自己適合做什麼，也不知道該怎麼起步？」、「想升遷，但年資不夠或位子被卡住，遲遲輪不到自己？」、「學了市場熱門技能，卻不知道如何在職場中實際應用？」、「想跳槽，但面試的工作都和現在差不多、沒挑戰；想嘗試新領域卻沒經驗，不知道該不該砍掉重練？」如果這些問題讓你感同身受，那麼這本書正是為你而寫。

本書作者提出職涯契合＝優勢×場所方程式——**與其花時間克服弱點，不如找到能發揮優勢的地方**。書中分析人際互動能力、自我管理能力、問題解決能力，幫助你找出自己的技能、能力和特質。

我對此特別有感。當年我從美國西北大學（Northwestern University）研究所畢業時，正值金融風暴，很難找工作。我在朋友家的沙發睡了兩個月，投了五百封履歷，陌生開發校友和業界人士，最後憑一本商業計畫書，說服一家雜誌社老闆，給了我在美國的第一份工作。

很多人問我：「你怎麼做到不放棄？」我的答案是：「善用自己的優勢。」比如，我曾是記者，擅長找人。當校內招聘機會有限時，我跑到其他學院的招聘會外守候面試官，等他們出來直接遞履歷；還有一次，我發現參加展會能認識很多人，但門票太貴。於是，我聯繫臺灣的雜誌社，免費幫他們採訪展會，於是拿到記者公關票。這些方法聽起來瘋狂，但對記者來說，這是日常操作。我不是鼓勵大家做同樣的事，而是想表達：只要發揮自己的優勢，就會看到機會，也更有勇氣再試一次。

書中還提到：「經驗本身不是優勢，從經驗中學到的技能和能力才是。」

我以前在科技公司 Meta（Facebook〔臉書〕公司的新名稱）和購物網站 eBay（電子灣）工作時，經常遇到面試者提到自己的經驗。**但經驗如果不能轉化成技能，在面對未知挑戰時就毫無用處，因為一樣的場景不可能重現。**創新公司正是要解決過去沒人遇過的問題，光靠經驗是不夠的。蘋果（Apple）公司聯合創始人之一史蒂夫．賈伯斯（Steve Jobs）當年之所以能創造 iPhone，靠的也不是經驗，而是能力與洞察力。

另外，作者也提到「特質」這個概念。每個人都有天生的特質，有些事你做起來就是比別人輕鬆，比如職業籃球運動員史蒂芬．柯瑞（Stephen Curry）擅長投三分球、勒布朗．詹姆斯（LeBron James）擅長防守，他們的特質不同，但都同樣強大。

最後，優勢必須搭配適合的場所，才能被真正發揮。這讓我想到自己的職涯經歷。

我過去的工作經驗裡，一半的時間做行銷，另一半的時間做數位產品管理。有些公司覺得我是「半調子」，但當 Meta 從 eBay 挖角我時，他們要找的就是既懂行銷又懂產品的人。對 Meta 而言，我的「半調子」反而是稀有的優勢。

如果你想充分利用這本書，我建議把它當成一場自我探索的工作坊，根據書中的提問，一步步發掘自己的優勢。這本書能幫助你更了解自己，找到屬於你的職涯方向，並在每次想放棄時，給你繼續前進的動力。

推薦序二

從「適職」思維找到屬於你的定位

「人資小週末」創辦人／盧世安

我們都聽過這樣的建議：「找到你的天職，才能成功！」但現實告訴我們，並非每個人都明確知道自己熱愛什麼。而本書作者石倉秀明顛覆了這個既有框架——他提倡以適職取代天職，教我們如何用務實的方式，找到適合自己的職涯定位，並在職場中快樂成長。

作者提出了「優勢×場所＝職涯契合」的公式，這是一個全新的視角。他指出，優勢並非絕對，而是相對於環境才能彰顯出價值。就像一位業餘棒球選手，與傳奇選手鈴木一朗相比可能相形失色，但在社區球隊中能成為明星。這告訴我們，與其一味的努力提升能力，不如選擇一個能發揮優勢的場域。

許多人誤以為「適職」是將興趣轉化為工作，但作者點出這不是必然。適職的核心價值在於，即使不熱愛自己的工作，仍能藉由契合的環境與優勢發揮，獲得滿足感與成就感。作者強調，不必過度追求「興趣變工作」，而是要尋找一個能讓你自然發光的環境。

破解職涯迷思

此外，本書揭示了許多職涯陷阱：

- 多考證照就能提升競爭力？未必。證照不能代替實戰經驗。
- 職涯必須向上發展？錯誤。升遷並非唯一成功標準，契合才是關鍵。
- 找到熱情才能成功？迷思。興趣未必能帶來穩定的收入與滿足感。

這些揭露，幫助我們重新檢視自己的職涯決策，避免被不切實際的觀念誤導。

還有，作者在書中提供了許多實用工具，例如自我分析矩陣，協助讀者辨識自身優勢與弱點，以找到真正適合的工作場所。

他也分享了如何讓工作主動找上門，從而創造更多可能性。不僅如此，他還提醒我們注意職場文化與他人對自己的評價，因為這些因素往往影響我們，是否能在某個環境中取得成功。

適職的概念，不僅適用於正在求職的年輕人，也適合希望轉職或重新定位職涯的中年人。作者以自己的經驗，證明了適職思維的普遍性與實用性。他曾經歷待業空窗期、擔任派遣員工，但最終運用這套方法成功轉型，成為上市企業董事與公益財團營運長。

作為一名資深職涯顧問，我深受這本書的啟發。在過去，我往往幫助個案分析興趣、能力和價值觀，協助他們找到天職。但讀過此書後，我開始反思：是否過度聚焦於熱情，忽略了場所的重要性？從現在起，我將更專注於幫助個案找到能發揮優勢的環境，讓他們在契合的場所中綻放光彩。

本書以淺顯的文字和真實案例，提供令人耳目一新的職涯規畫方法，幫助我們擺脫傳統思維，重新定義工作與人生的意義。作者以他豐富的經歷告訴我們，**成功的職涯不是追求完美的天職，而是找到適合自己的適職**。因為工作的核心，是找到契合的環境，而非迎合他人的期待。

這本書不僅是實用的指南，更是一份激勵你重新審視自我的禮物。我誠摯推薦給每一位渴望在職場中快樂、自在的人。

前言
找到讓自己快樂工作的環境

我因為大學中輟，所以職涯的起點是打工兼職。之後，我在瑞可利HR行銷公司（Recruit HR Marketing）、求職網路公司Livesense，以及網路公司DeNA等企業工作過一段時間，當時的工作目的是**不讓自己餓肚子，以及付出努力後，比其他人賺到更多錢**。

那時，我並沒有什麼特別想做的事，只是一股腦兒的想提升工作能力，成為不被金錢困擾的人。我也不會想找到自己想做的事，現在也依然如此。如果非要說的話，我是傾向不尋找的一方。確實，如果能找到想做的事是很好，但我認為並不容易。

儘管如此，為了生存就必須工作。既然要工作，最好做得輕鬆又能賺到錢——這就是我的真實心聲。

二〇二四年二月，我就任公益財團法人「山田進太郎D&I財團」的營運長。這個財團以此為目標持續進行各項活動：在二〇三五年前，將進入STEM領域（科學〔Science〕、技術〔Technology〕、工程〔Engineering〕、數學〔Mathematics〕）學習的日本女性比例提高至二八％——經濟合作暨發展組織（OECD）成員國的平均數據。

直到前一年的十一月底前，我仍擔任一家上市公司的董事。因為以這樣的身分轉職到非營利組織十分罕見，所以我有了許多受訪機會，並主要談論關於工作方式、職涯等議題。在每一次的採訪中，我都提到這是自己第一次重視想做的事。作為一名撰寫職涯主題書籍的人，搞不好我對此的意識相對薄弱。

過去我雖然一直在尋找能提升自我的棲身之處，卻從未為了實現理想，而試圖克服自己不擅長、不喜歡的事。相反的，我老是在思考**該怎麼做，才**

能盡量在不努力的狀態下實現目標。

畢竟，花力氣做不喜歡的事、長時間工作，不是很讓人感到心煩嗎？

我沒有克服困難、讓自己成長的想法，也沒有足以承受挑戰的心理素質。正因如此，我一直只思考這件事：**能讓我獲得最高評價的「場所」（工作場所、工作環境）究竟在哪裡？**接著，再以這個問題的答案來選擇職涯。

我會在本書中，說明**以「優勢×場所」來選擇職涯的思維方程式**。我不喜歡為了克服不擅長的事而努力、為了持續盡力而長時間投入工作。為了讓自己能被高度肯定，並且被指派有趣的工作、被交付超過自己實力範圍的任務，我才思考出這個方程式。

我**大學中輟，沒有高學歷的光環，且不僅換過好幾次工作，也曾經歷待業空窗期、擔任派遣員工，所以不具備出色的履歷**。儘管如此，我之所以能在**知名企業擔任重要的職位、成為上市公司的董事，甚至現在還接手經營財團，**都是因為巧妙運用了優勢×場所方程式。換句話說，這可說是普通人在考慮職涯時的生存策略。

「職涯」這個關鍵詞，往往伴隨著這些話語：找到自己想做的事、發現自己的天職、學會任何地方都適用的技能。然而，本書中完全不會出現這樣的想法，因為這些事難以做到。

與其探討這些內容，我更希望拿起這本書的各位，從明天開始就運用優勢×場所方程式，減少關於職涯的迷茫和煩惱，快樂的度過每一天。本書就是專注於這一點而寫成。

換句話說，這是一本**幫助你不過度提升實力與努力，而是找到一個環境，讓自己能快樂工作的「意識薄弱之書」**。

工作並非永遠充滿樂趣，反而困難、麻煩的事還比較多。但即使如此，正因為我們每天都得花八小時在工作上，若我能幫助你讓這段時間變得稍微愉快一點，我會非常開心。

第一章

這樣想事情，你會找到適合的工作

1 誰說職涯發展一定要往上

各位一開始聽到「職涯、職業」（career）這個詞，會想到什麼？

試著查閱字典，可看到它被定義為「一、（職業、生涯的）經歷。二、從事需要專業技能的職業」（日文辭典《廣辭苑》第五版）。

此外，日文中，「career」還有「三、國家公務員考試I類（上級甲）合格者，被中央省廳錄取者的俗稱」（《廣辭苑》第五版）的意思，以「高考組」（高階公務員）這個詞彙作為使用範例收錄在字典中（按：在日本衍生出「職業菁英」的意思）。

現在，「職業菁英」幾乎已不再被人們使用。過去在較少女性活躍於工作的時代，大家也曾用過「職業女性」這個詞彙。

我認為，「職涯」最常被解釋為「（職業、生涯的）經歷」。另一方面，正如「職業菁英」這個詞語，有人認為職涯應該持續往上爬。

許多人的職涯都不順利

在各種人才媒合公司、求職網站的廣告中，我們總能看見「職涯升遷」這個詞。其中似乎存在某種不成文的共識，那就是：職涯應該持續向上。除此之外，有許多以晉升為前提的案例，基本上都以人們所說的菁英——也就是人生路途順風順水的人的故事為基礎。

這群菁英從四年制大學畢業後，應屆進入規模不小的公司，以正式員工的身分工作，並不斷的升遷。年復一年，他們的收入逐漸增加，或透過轉職來獲得更高的收入。也因為任職公司的聲望有所提升，他們將獲得社會地位。

「職涯要持續向上」的觀念，似乎已成為社會大眾的普遍共識。然而，就算只觀察日本社會，也**並非所有人的職涯都很順遂。不如說，工作不順利的人還比較多。**

追根究柢，日本全國約三百五十八萬家的企業當中，中小企業就有三百五十七萬家，占比達到九九・七％。而且，在中小企業工作的人，占所有勞動者的六九％。換句話說，在中小企業工作的人比在大企業工作的人還多。此外，以非正規僱用者身分（按：非正職的員工。例如：派遣員工〔與派遣公司簽約〕、約聘員工〔與企業簽約〕、兼職人員）工作的人和自由工作者，也越來越多了。

因此，進入大企業並不斷晉升或提高收入，已經不再是唯一的職涯模式。儘管如此，依然有許多人的唯一目標是成為發展順遂的菁英，同時深信職涯必須不斷向上，我覺得這樣的迷思已經越來越普遍了。

即使簡單的說到職涯，就像每個人的出身、成長環境都有所差異，職業路徑當然是千差萬別。究竟想走什麼樣的路線，大家的選擇都不盡相同。

當然，許多人確實非常看重加薪、提升職位，但我認為這取決於個人的目標。舉例來說，如果一個人在乎擁有更多的自由時間，增加收入就相對沒那麼重要了。每個人都有各自的見解。

我在前面不斷提到「職涯要持續向上」，但具體來說，究竟意味著什麼？是指提升收入、職位或社會地位？還是進入知名大企業？這當中的定義非常模糊。倘若職涯是因人而異，那麼對於個人來說，「向上」的感受理應有各自的標準。然而，**世俗普遍認定的職涯升遷，似乎局限在提高收入、職位、社會地位等狹隘的範疇內**。

所以，我想在本書中首先強調：我們應該捨棄職涯要持續向上的觀念。

擺脫「必須往上爬」的思維

許多人總會不自覺的認為必須讓職涯往上，於是盲目的累積經驗。

有不少員工會思考「下一步我要成為主管」，或「我要往外拓展到行銷領域」，期望發展的方向各有不同。或者，有人想成為某個重要人物，並以此作為自我實現的目標。

然而，如果只憑感覺追求晉升，就會像我前面提到的，很容易被狹隘的世俗印象綑綁。換言之，提高收入、職位或社會地位的單一印象根深柢固，到頭來大家都走在同一條路上。

諷刺的是，原本希望成為某個重要人物的人，最後卻發現自己和大家一樣，既不認為自己成為了特別的人，也感覺不到在職涯上有顯著的進展。最終，許多人可能為此陷入「我的存在究竟是什麼？」的困惑中。

另外，當許多女性經歷結婚、生育等不同的人生階段，得改變工作時間和工作方式時，能否縮短工時或遠距工作，可能會影響她們是否對工作感到滿意。如果工作不符合自己描繪的藍圖，幾經權衡後，最終可能不得不放棄自己的理想職涯。

或者，有人為了改變職涯而想換工作，**向求職顧問尋求意見，結果卻只得到「跳槽到相同業界的相同職位」的提議**，無法感受到明顯的改變。

許多關於工作或職涯的迷惘，是因為自己不清楚實際情況，結果被職涯必須向上的思維牽制。

有些人未必渴望升職，只是想跳槽到更舒適的工作環境，這類轉職或調動的理由皆因人而異。儘管如此，我們之所以執著於換工作或調動，是因為這可能是職涯升遷的唯一指標。

以正式員工的身分工作，從小組長升到組長，再升到部門經理，隨著職位不斷提高，收入也逐漸增加——大家都一味的追求向上發展，這或許是許多人經歷過的年代。

過去，職涯的選擇應該更多元，卻被單一的思維壓制，直到現在仍被人們忽略。舊時代的理念成為指標，使人們的困惑始終無法消散，於是迷茫的感受一直殘存在心中。

想破除迷茫，就必須擺脫升遷的框架。走在適合自己的職涯道路上，才是在現代尋找「適職」的原則。

從爭取升遷轉為職涯契合

乍看之下，「職涯升遷」這個概念好像是動態的，意味著職涯一路向上，但因為它的方向單一，所以未必所有人都能適應這樣的發展模式。

在人生中，最好的環境往往會隨著時間而改變。最容易理解的例子，就是結婚或生孩子後，當事人追求的工作環境會產生變化。這樣的變化何時到來？人生中又會出現幾次？皆因人而異。有人在二十五歲前就發生變化，也有人過了四十歲才改變。因此，**探討「幾歲時應該做什麼事」不是本書的重點**。

以職涯必須不斷升遷的框架來思考人生，對許多人來說無法負荷。我認為，勉強過不適合自己的人生是最不幸的事。另一方面，「職涯下降」這種想法也不好。究竟是誰可以用什麼理由，來決定一個人的職涯是往上升級，還是往下降級？

職涯，是一個人在不同時期選擇適合自己的環境和職位，再持續採取行動後構成。

如此一來，職涯就不存在「升」或「降」的概念。我認為關鍵在於是否適合自己，也就是否「契合」。契合的條件雖然會隨著時間改變，但不須在每次環境變動時，思考是升級或降級。

當然，也有人希望提高收入、進入比之前再大一點的公司，或從非正規職位轉為正式員工，他們都想持續進步。只要做出符合這些目標的選擇，也是職涯契合的一種方式。

反過來說，也有人不想拚命工作，他們所想的契合標準也不相同。因此，**我們該追求的並非職涯升遷的概念，而是每次都尋求適合自己的工作場所，這就是職涯契合**。

適合自己的職涯，換個說法就是「適職」。然而，**適職未必是把想做的事變成工作**。此外，我們也無須追求人們常說的「天職」，也就是想做的工作和該做的工作完全吻合的狀態。

探索你的適職

常聽到有人訴說這樣的煩惱：「我不知道自己想做什麼。」也有人這麼說：「我不知道自己的天職是什麼。」

這樣的煩惱裡，可能存在某種成見，那就是：人們必須從事自己認為「這才是我的天職」的工作。若能透過工作來自我實現當然很好，但並非所有人都得擁有喜歡或熱衷的事物，且沉迷的程度不輸給任何人，也未必要將它當作工作。

當然，有喜歡的事物是一件好事，它可能成為豐富人生的軸心。然而，職涯的核心不單是喜歡的事物而已。**縱使能將熱愛的事物變成工作，如果持續兩年都毫無成果，一般人也必定會感到挫折**。

假設你在公司擔任企劃人員，也自認為喜歡這份工作。可是，到職以來自己的新商品提案從來沒被採用，那麼就算心裡再怎麼喜歡，也難免會產生「我可能不適合企劃工作」的想法。

為了避免過度勉強自己而導致身心疲憊，我認為「擅長」也可以當作職涯的重要軸心來思考。

所謂的「擅長」，意思是比別人相對做得好，這就是一個人的優勢——不僅限於自己認為擅長，在別人眼中也被認為擅長，並善加發揮這項能力——

有時候未必和喜歡的事相符。不過，如果這正是自己擅長的事，就能比別人更輕鬆的完成。

就像這樣，我會嘗試從不費力就能做到的事來思考工作和職涯，同時也是職涯契合的實踐方法。換言之，在能發揮自我優勢的工作環境裡生存，才是職涯契合的核心條件。

話說回來，為什麼人們會對工作寄予這麼高的期望，還將它當作某種自我實現的方式？若被提問「為什麼工作非得有價值」，我們似乎也沒有具體的根據。如同對職涯升遷的幻想一般，如果我們相信不確定、意義不明的根據，並為此煩惱，反而會白白浪費時間，這才是真正的不幸。

回顧過去在人事、職涯規畫相關工作的經驗，我認為許多人被各種資訊左右，為此無謂的煩惱，並變得不幸。如果逐一探討那些資訊，我們就會發現其實沒有什麼明確的根據，所以真的沒必要如此懊惱。

找到或吸引到最能發揮自我優勢的職場，再選擇適合自己的職涯，就是本書提倡的適職思考法。如果這種方式可行，那麼關於職涯和工作，我們就不必再無謂的苦惱。**不是追求自己的天職，而是以適職思考。**

我們無須勉強自己尋找想做的事。**如果你正為了沒有想做的事而感到痛苦，還不如試著思考自己能做的事。**

2 優秀是比較出來的

思考適職更勝於天職的職涯契合思維，究竟是什麼樣的思考方式？可用一句話歸納：充分理解自己的優勢，並持續尋找可發揮優勢的工作場所。換句話說，基於職涯契合思維而選擇的職涯，就是將自己的優勢和職場相互結合，我希望你能意識到這一點。

職涯契合＝優勢×場所。正如後面會提到，**自己的優勢並非絕對價值，而是透過與周圍環境比較而決定的相對價值**。

因此，我建議你經常用優勢和場所的乘法思考。為了發揮自己的優勢，雖然也必須鍛鍊優勢本身，但光這麼做並沒有意義。因為**優勢要和場所結合才有意義**。

用分數來假設：假使優勢是三分，但場所是一分，就無法發揮一個人的優勢，持續停留在三分的程度（三×一＝三）。縱使他努力的將優勢提升到四分，若一直沒有重視場所，結果也只提升一分而已。

而且，因為鍛鍊優勢的是人，所以無論如何都有極限。如果優勢的極限是四分，除非改變工作場所，否則相乘的結果會永遠停留在四分。

然而，如果你選擇一個適合自己的工作環境，將分數從一分提升至兩分，那麼即使優勢維持在三分，三×二＝六，結果會比單純鍛鍊優勢來得更好。只要尋找、吸引到分數越高的職場，職涯就可能成長到六分，甚至九分。

這就是職涯契合的基本概念，卻是許多人容易忽略的思維方式。

3 對於考證照的誤解

那麼，優勢和場所究竟意味著什麼？

首先，當我們思考優勢時，很容易誤認為它是某種了不起的能力。然而，**優勢基本上是由相對價值決定**。

舉例來說，一個人的棒球不管打得再好，如果和日本傳奇球星鈴木一朗相較，應該難以成為優勢。然而，如果這個人加入鄰里居民共聚一堂的業餘棒球隊，結果會變得如何？他立刻會因為擅長打棒球這項優勢而閃閃發光。

就像這樣，優勢並非無可動搖的絕對評價，而是相對存在的能力。儘管如此，每當我們提到優勢，卻容易將它視為展現一個人本質的東西，往往讓話題變得很複雜。

並非每個人都需要像鈴木一朗的棒球天賦、技術、才能。只要改變發揮這項優勢的工作場所，像是在業餘棒球領域表現出色，就充分具備意義。

別和鈴木一朗比棒球

換言之，場所很重要。確實尋找能發揮自身優勢的職場，比起努力以鈴木一朗為目標來得更加重要。讓我們將這個概念落實到本書關注的重點之一——商業現場，試著思考看看。

假設我是一名擅長銷售的上班族，如果我是在基恩斯（Keyence）這種營業利益率（Operating Profit Margin，扣除營業費用等費用，剩餘的營業利益與銷售收入的比例）超過五五%，主要製造與銷售感應器、測量儀器，以及影像處理、計測、解析、商業資訊設備的公司，或在外資壽險領域中，營業額頂尖的保誠集團（Prudential）服務，環境中充斥著業務強者，狀況會如何？就算我確實擁有優秀的能力，但身邊高手環繞，要成功的發揮自身優勢、嶄露頭角，我認為極為困難。

然而，假設某個業務員進入一家販售著極棒的產品，員工卻幾乎都是工程師，還被人們認為銷售是弱點的公司，結果又會如何？就算該業務員過去沒有特別強大的銷售能力，但在這家公司裡就是優勢。在公司內部，他可能會備受重視。也就是說，一個人的優勢會因周遭環境而改變。**優勢並非絕對的價值，而是相對的價值**。

就算是再怎麼微不足道的優勢，一個人也會根據身處的工作環境而看起來很強或很弱。藉由和周遭的環境比較，這項優勢可能偏差值高達七十，也可能是五十（譯註：偏差值是以標準分算法計算排名的數值，日本學生常以此衡量學力。偏差值越高表示排名越好、偏差值越低表示排名越差）。

總之先考個證照？

許多情況下，人們在試圖鍛鍊自己的優勢時，往往會不自覺只想著提升該能力。

正如前面提到，「為了職涯升遷」、「讓商務人士的成長極大化」這類常見於商業雜誌、文章中的標題，雖然聽起來悅耳，實際上卻很難理解究竟是在說什麼。（職涯到底是什麼？升遷是什麼？商務人士的成長是什麼？還有，我們又為什麼要追求成長？）我們被這些標題擺布，產生「不能再這樣下去了」的焦慮感，促使我們想鍛鍊優勢。

舉個例子，一名應屆畢業後就一直從事會計工作的人，**會認為「這樣下去不行，我得做出改變」，被模糊的焦慮驅使，決定「先學個新技能」或「考個證照」**，然後從零經驗的狀態下開始上程式設計課程。然而，從面試官的角度來看，他只不過是上過程式設計課程的人，或有上過程式設計課程、有會計工作經驗的人。到頭來，他好像什麼都無法勝任。

當然，提升自己的優勢本身也很重要。但在許多狀況下，可發揮優勢的職場卻經常被忽視。我認為尋找、創造出讓優勢得以發揮的工作場所，和提升自身優勢是同等重要。察覺到這個必要性的人，實際上是少之又少。

目前為止，我在書中使用「優勢」這個模糊的詞彙。如果試著更仔細的拆解，**優勢可說是由「技能、能力、特質」這三個部分構成**。許多人容易將技能、能力、特質搞混，將它們全當作自己的優勢。

首先，稍微提高理解程度，試著自我分析，確認一下優勢是由什麼樣的要素構成。

在我的定義中，「技能」是指透過經驗累積而學會的事。簡單來說，經驗是指從過去到現在經歷過的事；技能則是透過這樣的經驗而學會的事，而且自己已經具備。

接著，我認為「能力」的定義是將經驗轉化為技能的力量。即使有過相同的經驗，有人能立刻做到、有人始終無法學會。我認為這之間的差異，就在於他們將經驗轉化為技能的能力有所不同。

最後，「特質」指的是一個人天生擁有的特徵、性質、個性。經過一定程度的鍛鍊，技能、能力皆能提升，但特質則是某種與生俱來、每個人各自擁有的性質。根據不同的情況，有些特質可能一輩子都不會改變，我們必須永遠與之共存。話雖如此，究竟哪個特質好、哪個特質不好，無法一概而論。

若培養特質，並掌握適合特質的技能和能力，再前往有助於發揮特質的環境，就會轉變為強大的優勢。例如，不善於溝通，但擅長獨立工作的人，或許會對於社交感到自卑，或被他人以否定的眼光看待。然而，**那不過是他和環境之間的關係，特質本身並無好壞之分**。

別被世俗普遍流傳的言論迷惑，任意的給優勢貼標籤，讓我們試著以公平的眼光來思考。關於技能、能力、特質，我會在第三章進一步解說。

拆解你的優勢

在關於職涯的焦慮和煩惱中，許多人都不太了解自己的優勢。即使是看起來工作順風順水的人，居然也有「我的技能到底算什麼？」的焦慮——**畢業後，雖然二、三十歲這一路上努力的工作，卻沒有特別喜歡現在的工作**。必須好好的發揮自身優勢，更進一步的提升技能才行吧？**如果沒有找到一份能讓自己做更喜歡的事，或更能善用優勢的工作，是不是不太好？**那麼，自己的優勢究竟是什麼？只有自己才擁有的技能，又是什麼？

如同前述，「即使想改變現狀，卻不清楚自己的優勢是什麼」，這樣想的人應該不在少數。有人即使知道自己的優勢是什麼，也可能不知道該怎麼應用在工作中。或者，有人為了換跑道而諮詢求職顧問，卻只得到升遷、向上爬等建議，因為聽到不符合期待的說法而感到迷茫。

不了解自身優勢的人，往往誤以為自己沒有優勢。「該怎麼辦才好？我好像沒有什麼特別的優勢。」許多人都對自己的職涯缺少自信。這些人有一個共通點，就是不理解自己做過的工作。想了解自己的優勢，就須試著更具體思考迄今為止經歷過的事，究竟具備什麼性質。

假設有一個人，曾當過藝人的經紀人。讓我們重新拆解經紀人的工作包含哪些要素，並嘗試更具體的思考。

假定他須管理一名任性的藝人，同時經常須和要求很多、總會提出嚴苛條件的電視臺或製作公司應對。他要在藝人和媒體之間不斷的協調，找到既展現出藝人的個性，且媒體可接受的平衡點。

那麼，他可能具備分析自家藝人、傾聽媒體需求的能力，且不只是與銷售相關，甚至擁有洞察時勢以宣傳藝人的能力。

在這些工作中，我想他會有一些自己認為擅長的部分，例如，「我很會跟媒體談判」、「我很擅長跟藝人溝通，讓他變得更有幹勁」，或「我好喜歡企劃行銷活動」等，即使只有一點點，都屬於這位經紀人的優勢。

確認自己實際經歷過哪些事、從這些經驗中獲得了什麼，又有哪些事培養成為技能……如此試著回顧過往工作、自我分析，對於確實理解自身優勢到底是什麼，是非常重要的。

前面案例中的主角，只要認清自己具備銷售、行銷方面的強項，那麼可以發揮這些優勢的職場就不會局限於藝人的經紀人，也存在於其他職務當中。

例如，轉職到販賣其他產品的企業，擔任銷售職位、從事行銷工作應該也能發光發熱，或許還有其他讓優勢得以發揮的場合。只要充分明白自己的強項，就能找到可發揮自身優勢的工作場所。

第二章

尋找能凸顯你優勢的環境

1 寫給很想換工作的你

具體而言，該如何尋找能發揮自身優勢的工作場所？

從優勢是相對比較出來這點可以了解，優勢的價值有很大的程度受到場所影響。要發揮或扼殺一個人的優勢，都取決於他身處於哪個地方。儘管如此，許多人在追求職涯升遷時，依然試圖提升自己的優勢。他們往往會嘗試考證照，或突然上程式設計課程，以磨練自己的技能。

換言之，大家不會先產生「換個地方工作」的想法。

舉例來說，有人一開始就進入知名的優良企業，然後一直只待在那家公司，認為自己只適合在這家企業立足。就算想嘗試不同的工作方式，卻可能一開始就放棄這麼做。

或者，有人年紀輕輕就達到高於平均的收入，因此**明明想做其他的工作**，

卻因為「一旦轉職了，收入就會降低」、「擔心無法維持生計」等理由，而無法下定決心轉職。若在大企業上班，常見的狀況是工作的專業度不算特別高，收入卻偏高。由於職位本身不具備稀缺性，收入卻十分豐厚，所以即使試圖轉職，卻沒有適合的去處。

一旦演變成如此局面，他們便無法為了換工作而採取行動，只是一味的在焦慮中原地踏步。到頭來，甚至無法獲得就業市場的情報，其中可能集結了能發揮他們優勢的職務、企業等資訊。

單靠自己的力量來獲取那些市場情報，可說是相當困難。因此，我們通常會利用求職網站、獵人頭公司等服務。當然，這類公司的服務如前所述，確實存在弊端，往往強調技能提升。關於這些陷阱，我會在後續章節中再次論述。然而，即使不把轉職、應徵工作放在第一順位，我認為這些資訊依然相當有價值。**了解人力市場上有怎麼樣的工作機會，也是尋找職場的有效方法之一**。

最近，也有一些付費的職涯諮詢服務，對於尋找適合自己的工作環境也相當有效。市場需要怎麼樣的人才？自己實際上會受到怎麼樣的評價？從培養對市場的敏感度來看，這類公司或仲介的服務是否有幫助，取決於自己如何使用。

別隱藏自己的強項

若要再提出關於選擇職場的提示，有一種方法是**讓工作場所被你吸引，反過來主動找上門**。

如何將場所吸引過來？首先，最重要的是**別隱藏自己的優勢**，毫不掩飾的展現自己的個性，盡情放膽的工作。只要你不斷的展現自我、發出信號，就會有認為你「似乎還不錯」的人找上門。這意味著甚至不需要主動應徵，周圍的人就會自動來選擇自己。

其實，我認為像公司職員這類在組織裡工作的人，最好也多採取這樣的方式。

一定有很多人這麼想：每天都待在同一個職場，為了不想破壞組織氛圍、避免被別人討厭，盡可能表現得平庸一點——人們總說「樹大招風」。但如果你總是在工作上表現得很普通，就永遠無法搞懂該如何發揮自己的優勢、難以成長。相反的，一旦你亮出自身優勢，並全力以赴的展現自己的個性，身邊的人自然而然就會了解。

接著，別人對你的觀點可能變成：「他完全不擅長文書處理，不過銷售能力很強。」當然，你或許會被主管提醒必須培養全方位的能力，但也會有高層主管認為「你真有趣」。如此一來，你會被評價為「適合做銷售工作」。換言之，銷售這個場所會主動找上你。

就像這樣，如果全力以赴做自己擅長的事，工作場所會主動來找你，也就是說，可以吸引場所找上門。只要有新的專案，搞不好就會有人問你：「要不要試著以業務身分來參與？」換句話說，你可以藉此抓住調職的機會。

無論是公司職員或自由工作者，我認為將自己的優勢展現出來，讓周圍的人知道你的存在，都是為了將能發揮自身優勢的工作場所吸引過來，進一步讓自己獲得機會的重要關鍵。

工作終究只是工作

目前為止，我們已經確認了職涯契合的思維方式，以及它如何藉由優勢×場所方程式構成。

追根究柢，人們是為了什麼工作？我覺得這是個人的自由。說得直白一點，我認為：「無論為了什麼工作都無所謂吧？」工作的理由本來不就是為了謀生賺錢嗎？這個理由已經很充分了。

人們會在工作中發掘是否有特別的意義，認為自己有彷彿命中注定的天職。或者，往往會陷入一種成見，認為自己必須透過工作來尋求自我實現。

坦白說，我認為這些都是無謂的煩惱。說得直白一點，**工作終究只是工作罷了。在我們的人生中，還有許多工作之外的時間**，將人生的全部寄託在工作上毫無意義。當然，我認為也會有這樣的生活方式，但要求所有人都這樣生活是不可能的。因此，即使我們在工作中感受不到價值，也完全不需要貶低自己。

說到底，找到自己想做的事、把它變成工作的人根本沒有特別了不起，我認為只是因為這種生活方式恰好適合他們而已。說得直接一點，這只不過是職涯契合的一種方式，並無高低之分。

有人一股腦兒的想提升技能、提高收入，也有人認為一切適當就好，大家對於職涯擁有各種不同的願望。於此同時，我認為應該也存在數量相當的職場才對。

從這樣的意義上來說，藉由優勢×場所來設計職涯契合的思維方式，能幫助我們擺脫「工作理應如此」、「職涯就該是這樣」的僵化思維，讓我們更自由的尋找適合自身優勢，以及最適合優勢的場所，或許這就是找到理想工作的最佳捷徑。

2 排第一千名的業務員，也能成為頂尖

關於優勢的具體說明，我會在第三章詳細討論。正如前面提到，許多人過度專注於不斷強化、提升自身優勢，卻未意識到這些優勢要在哪裡發揮作用，對於發揮優勢的工作場所缺乏意識。

當然，了解自身優勢並加以提升確實很重要，但包含人力市場在內，我們也必須確實掌握可發揮自身優勢的工作環境。

優勢與場所之間存在著乘法關係。不僅要專注於優勢，若沒有更加重視場所，就很難讓這個乘法效應最大化。

所謂的市場，追根究柢就是他人給你什麼樣的評價。如何找到能讓你獲得高度評價，且更進一步取得成果的職場，這一點相當重要。這也意味著你必須站在他人的視角，客觀的了解自己。

為了提升對職場的認識，你的第一步是**了解自身優勢，同時理解他人如何看待自己**，這兩種看法必須同樣清晰。基本上，這兩點可說是最重要的。

選擇讓評價提升的職場

舉個例子，假設有一個人擅長運用 Excel。對他來說，活用 Excel 的函數是家常便飯，不費吹灰之力就可駕輕就熟。

擁有這項技能作為優勢的人，如果進入外資金融公司或顧問公司工作，會變得如何？身為這類公司的員工，通常能熟練的使用 Excel 進行巨集計算、數據分析。在這樣的環境中，「熟練的運用 Excel」就不再被視為優勢，而不過是一種普通的技能罷了。

然而，如果他到一個 Excel 技能尚未普及的公司，或幾乎沒有人擅長使用 Excel 的地方，情況又會變得如何？意義將會有相當大的改變。

假如有一家公司正準備推動數位轉型，僱用了一名可純熟運用 Excel 的人擔任財務人員，他能在一瞬間匯總數據，說不定會得到「這個人好厲害」的評價；然而，若是在所有人都會用 Excel 的外資金融公司，他就會得到截然不同的評論。

因此，**即使具備相同水準的技能，選擇了不同的工作場所，會決定技能是否可作為優勢而有所發揮**。換言之，優勢取決於工作環境，技能可能成為優勢，也可能不會——這就是優勢×場所的概念。沒有意識到場所重要性的人，常會犯以下兩種錯誤：

一、忽略了能發揮自身優勢的場所

想改變自己的職涯時，有些人只會專注於技能，並試圖提升。例如，產生「我一定要提升 Excel 的技能」、「我必須累積更多的經驗才行」的想法，但到進修機構上課、參加證照考試後，便停留在這個階段。這可說是忽略「能發揮自身優勢的工作場所」的典型模式。

二、試圖在零經驗的情況下成為專家

從只考慮技能提升這點來看，還有另一種情況，那就是：自己會忍不住輕率的判斷「Excel 算不了什麼厲害的技能」，於是又焦急的想學會其他技能。因此，**又去上程式設計課、作家培訓班等，試圖在零經驗的情況下成為程式設計師或作家**，這樣的人應該不在少數。我認為，這也是一種欠缺工作場所的視角，一股腦兒只專注在提升自身優勢。

結果，這些人都進入了接案世界，撰寫每字〇．一至〇．五日圓的低價文章。這究竟是不是真的能發揮自身優勢的工作方式？他們反而越來越搞不清楚了。

僅學會技能就夠了嗎？

前面提到兩種人的最大誤解，就是**單純的認為只要提升技能，收入就會增加，還可以朝向理想的職位邁進**。他們或許以為只要強化優勢，就能走上適合自己的職涯。

然而，大家應該都很清楚，公司職員即使提升 Excel 技能，薪水通常也不會因此增加。還有，擅長 Excel、也能做財務工作的人學程式設計後，就算他學會寫一點程式，收入恐怕也不會增加。最終，他依然只是會寫一點程式的財務人員罷了。

因此，**比起輕率的認為「我只要鍛鍊優勢就好」、「我只要提升能力，並獲得技能就好」，更應該考慮的是：現在擁有的優勢，是怎麼樣的優勢？能直接發揮優勢的職場又在哪裡？**

從某種意義上來說，這麼做或許能讓工作變得輕鬆。不費力的完成工作、執行任務，不僅是適職的重要條件之一，也是職涯契合的核心。換句話說，將專長化為武器，主動選擇能讓自己輕鬆取得成果的工作場所，可說是職涯契合的生活方式。

另外，自我意識與他人意識之間往往存在著差異。更準確的說，許多人會以「自我意識與他人意識不一致」的方式來評價自己。我認為，多數人通常更傾向於自我意識。

如前所述，**職場與他人的評價直接相關。只要到他人評價較高的工作場所，自身優勢就更容易發揮**，或有更多發揮優勢的機會。然而，許多人往往只意識到優勢，卻輕忽了與他人評價交會的場所的重要性。

很多人會問：「我的優勢到底是什麼？」他們雖然會思考自己能做什麼，卻似乎很少認真的思考，究竟該在哪裡發揮這項優勢，或如何運用這項能力。

結果，他們可能會因為一直停留在無法得到回報的工作場所，而無端的貶低自己，或僅理解了自己的優勢就感到滿足，對於場所卻草率又敷衍。

第一千名的業務員，也能有出色表現

我在 DeNA 工作時，曾負責招募應屆畢業的新員工。記得當時在面試的最後階段，有相當多學生都在猶豫要加入像 DeNA 的企業，還是去顧問公司上班。這些學生幾乎都希望將來能自行創業。由於 DeNA 的創辦人南場智子曾擔任麥肯錫日本分公司的合夥人（高層），因此我通常會建議他們「最後去找南場女士諮詢看看」，並實際安排他們交流。當學生問她：「為了未來創業，進入顧問公司有什麼好處嗎？對您來說，有幫助的地方是什麼？」時，她的回答是：「完全沒有幫助。」

她接著說：「顧問公司就像高爾夫教練的培訓機構，培養的是訓練像老虎．伍茲（Tiger Woods）這類世界級選手的教練。因此就算到那裡，你也不可能成為老虎．伍茲。如果你想成為他，唯一能做的就是不斷揮桿、擊球。」

時至今日，我仍然記得她當時如此回應學生的情景。儘管如此，還是有學生最終選擇進入顧問公司。當然，如果創業不是他的目標，而是懷著想成為顧問的信念，「去顧問公司工作」就是符合他自身職涯發展的選擇之一。

然而，想創業卻選擇去顧問公司的人，搞不好是因為他們對發揮自我優勢的場所缺乏足夠的認知，才做了這樣的選擇。到頭來，他們被顧問這份工作的通用性較強、可獲得響亮的頭銜等因素牽著鼻子走，結果對場所的認識就變得草率。

極端的說，現實中不存在「任何地方都通用的優勢」。優勢的強度有高低之分。例如，如果依照銷售能力，將全世界業務員的優秀程度進行排名，就會有第一名，也有被排在第一千名的業務員。儘管如此，如果你問：「排在第一千名就沒有價值嗎？」我認為並非如此。**即使是第一千名的業務員，只要待在能發揮自身優勢的企業、部門或職場，當然也可以有出色的表現。**

因此，我們無須在特定領域中拿到第一名，也未必非得進入前一〇％不可——在擁有相同優勢的一群人中取得上位，並不是職業契合思維追求的競爭方式。

假設一個銷售能力排行第十名的人，進入員工皆是排行第一至第五名的公司裡，可能不會成為重要的戰力；但如果他進入員工皆是排行第八十名的公司，搞不好會被當作神一般對待。

我真正意識到場所的重要性，是在高中參加田徑隊的時候。我會在第五章歸納與個人職業生涯相關的經歷。我以前就讀日本群馬縣的高中，在田徑隊裡擔任百米短跑選手，當時能以十至十一秒之間的速度跑完一百公尺。在群馬縣，這個程度的成績雖然可以進入決賽，但能否奪冠就不得而知了。到了關東大賽，現場又有更多強勁的競爭對手，即使我跑出比十．四秒快的成績，也只能勉強參賽、和那些高手一分勝負。

然而，如果競賽是在山梨縣舉辦，不到十．四秒的速度可能會打破全縣紀錄。因此，即使能力相同，由於與人競爭的地點不同，結果可能是成為紀錄保持者，或在預賽就敗下陣來。

這也可算是一個例子，說明一個人根據在哪個場所與他人比較，其成績、結果都將截然不同。

想去的地方，未必適合自己

選擇場所時還有一個重點，那就是：**你想去的地方，未必最適合自己**。

我在第一章提過，喜歡的事和擅長的事不同，對於選擇場所來說也是如此。在能發揮優勢的地方與人競爭，往往更容易迅速取得成果，並不費力的工作。如果優先考量喜歡的事（想做的事），反而讓你感到艱難、痛苦，那麼選擇能盡快交出成績的工作場所，我想也是一個明智的選擇。

我有個朋友，曾在一家打工求職網站擔任業務員。他不僅銷售成績名列前茅，任誰都能看出他在建立人際關係方面極度優秀。他也認同這就是他的優勢。

過去有一段故事，完全展現了他在這方面的能力：有一次，我們在日本的涉谷喝酒後，站在涉谷車站前的十字路口等紅綠燈。我正準備跟他聊幾句，但不過一轉眼的功夫，他就消失了。

我環顧四周後，發現他在不遠處跟一個女孩搭話，看起來似乎是搭訕。厲害的是，他當場和那個女孩聊得很投緣，跟我說：「我現在要跟她去喝一杯，那我先走啦！」就這麼消失在涉谷街頭。不過是等紅綠燈的短短幾分鐘，他就能如此輕鬆的拉近與陌生人的距離，還建立起良好的關係。而且，類似的情況當中十次有九次會成功。

他一瞬間建立關係的能力不但在日本行得通，似乎在其他國家也可以發揮作用。這位朋友曾去非洲的坦尚尼亞旅行，因為完全不懂當地語言，自然無法跟當地人溝通。儘管如此，他在某個村落停留了一段時間，而準備回日本那天，村民居然為他舉辦了一場送別慶典。他就是一個在人際關係方面極具優勢的人，也正因如此，才能在業務工作上一直維持頂尖的成績。

從這個意義上來看，我認為業務工作對他來說就是適職。因為這是能讓他不費吹灰之力、自然而然就發揮優勢的環境。

然而，他低估了這份工作的價值，認為開發商品、思考企劃比銷售更加高尚——他想從事業務之外的工作，於是轉職到其他領域，結果卻完全不理想。如果他當時選擇大型保險公司的業務工作，例如保誠集團這類能充分發揮其銷售能力的環境，或許現在已經賺得數億日圓的收入也說不定。因為他優先考慮想做的、喜歡的工作，而不是擅長的工作，才導致了不滿意的結果。

追根究柢，他為什麼會瞧不起業務工作？難道是他認為有更高檔次的工作嗎？首先，因為他建立人際關係的能力實在太強大，或許在前公司銷售部門已經找不到比他更強的人。自己總是處於頂尖的位置，和負責企劃、開發新業務的其他部門同事相處融洽，於是開始嚮往其他部門的工作——這或許是「外國的月亮比較圓」的心態使然。

此外，業務工作往往給人「是年輕人做的工作」的印象。在日本，一開始被分配到業務部門，逐漸的嶄露頭角，接著再轉往企劃、開發新業務、市場行銷等工作，似乎才是職涯發展的常態。我朋友是非常在意社會形象的人，所以可能受到社會、外界對職涯既定印象的影響。

他一味的追求職涯升遷，結果卻搞錯真正適合他的職場。若從契合的角度出發，這樣的選擇並不正確。

當然，包括我在內，周圍的朋友都曾勸他不要辭掉銷售工作，並建議他到像保誠集團這樣的公司。理由是「能讓你賺得比任何人都多」。然而，他最終還是忽視了這些勸言，優先考慮自己想做的事，結果並沒有取得多大的成就，如今對自己的職涯感到絕望，甚至經常抱怨：「公司都不認同我。」

應該有很多人像他這樣，因為工作場所跟優勢無法匹配，結果無法發揮自身的強項。

有興趣的工作卻不快樂

順帶一提，這位過去業績名列前茅的朋友，對於自己的優勢非常有自覺。他不僅確實掌握了這項能力，如果繼續從事銷售工作，不論去哪裡都是頂尖人才。然而，由於他缺乏對場所的認識，誤以為自己在不同的工作中，依然能成為佼佼者。

與銷售所需的技能截然不同，企劃或開發新業務的工作，需要邏輯思維、策略思維和分析能力。即使他進入了這些領域後做得還不錯，但仍須面對擁有更強優勢的人。**當想做某件事的人和擅長做某件事的人相互競爭，顯然後者更有優勢**。對於擅長該領域的人來說，完成相關工作可能不費吹灰之力；但想在不擅長的領域提升能力，發展還是有限制，因此最終難以在該領域大放異彩。

當然，「希望嘗試某個工作」這樣的想法很好。我並不是想表達做喜歡的工作是一件壞事，但我們可能會因此失去某些選擇，**或嘗試了想做的工作，**

卻發現不適合自己而感到痛苦。因此，我認為應該意識到這樣的風險，再做出選擇。

僅因為「想做」而一時衝動的前往，或在確知風險的前提下採取行動，兩者造成的結果必然大不同。此外，只要充分理解自身優勢，當自己轉換到不同的工作環境時，也會更拚命的思考該如何發揮優勢。

所以在選擇場所時，我們不該只依靠「好想去」、「好想做」等模糊的想法，而是深入理解自身優勢，並仔細思考場所是否適合自己的優勢。

3
先在組織內異動，而非衝動轉職

如同前面提到，關於選擇工作場所的方式，由於每個人對職涯的需求不同，優先考慮的事物也因人而異。

舉例來說，假設有一個人擅長銷售，他可能會想進一步提升自己的銷售能力，因而選擇銷售實力強大的公司，與優秀的同事相互切磋。這樣的選擇當然合理。儘管在新公司一開始可能比不上其他人，但在周圍同事都實力堅強的環境，他就有機會不斷提升自己的能力。

不過，認為難以藉由努力提升自身能力的人，與其選擇銷售實力堅強的公司，不如選擇相對較弱的公司，不僅更能發揮現有的優勢，也可以確實取得成果。

前面我是以轉職為例，但場所並非僅限於公司。**不只是轉職、改變工作**

地點，在相同公司轉調部門、換主管或改變工作團隊，也是一樣的道理。

即使下定決心換工作，如果新職場仍不符合自己的期望，最終可能也無法消除原有的不滿。根據日本厚生勞動省（按：相當於臺灣的衛福部與勞動部的綜合體）的二〇二〇年調查顯示，轉職者中有一一・四%對新工作感到不滿。換句話說，十個人中就有一個人後悔。以實際情況來說，轉職後沒能消除不滿的人可能更多。

所以，即使對現有工作感到不滿，將下一步的選擇限制在轉職，也算是一種風險。

即使不考慮立刻換工作，先嘗試在公司內部申請調職，或更換共事的成員，甚至只是稍微調整工作方式，都有可能改善現狀。換句話說，所謂優勢×場所方程式中的場所，指的並不只有公司本身。

職涯契合的概念中，轉職當然是選項之一，但它不過是其中的一個選擇罷了。還有報告顯示，希望轉職的人當中有超過八成，在一年後依然沒有換工作。或許是因為有人對「職涯升遷」懷有幻想，導致對於換工作猶豫不決。

其中，應該有人擔心換工作太多次，會讓以後跳槽變得更困難。然而，我身為曾負責徵才工作的人，對於**長期在一家公司從事相同職位，年過四十又突然想跳槽到其他領域的應徵者，反而會擔心：「這個人必須在新職場以這樣的年齡學習新事物，真的沒問題嗎？」**

無論如何，轉職有風險仍是不爭的事實。正因如此，我們不該只局限在這個選項，而是先思考不辭去目前的職位，試著在內部調職，也是一個方法。或維持目前的工作，同時嘗試副業。畢竟，將轉職視為諸多選項的其中一個，還是比較適當。

最初的一至兩個月是關鍵

我在第一章提到，比起天職，尋覓適職更加重要。如果你對目前的工作感到不滿，或想嘗試其他工作，那麼轉職自然會進入你的選擇範圍。但也如前所述，倘若你只因為「想試試看」或「喜歡做這件事」這類模糊的理由就勇往直前，往往會後悔。

如果轉職到適合自身優勢、能立即做出成績的環境，那當然很理想；但如果是轉職到不符合自身優勢的地方，可就不會那麼順利。隨著一、兩個月的時間過去，由於無法立即展現成果，也許你會感到焦慮或不安。結果可能會覺得新職場不適合自己，甚至認為是失敗的決定。

轉職後的第一或第二個月，是容易吸引周圍目光的時期。在剛到職的階段做出成績，對身邊人們的宣傳效果可提高兩倍，甚至三倍之多；然而，這也適用於負面評價。如果沒有在這段時間內展現成果，其他員工就會認為「新同事的工作能力不太行」，而對你抱持先入為主的成見。一旦在入職初期得到負面評價，之後需要相當程度的努力才能扭轉。

如果能順利的改變情況當然很好，但若只是維持現狀，又過了一個月、兩個月，你很快就會陷入「轉職搞不好失敗了」的負面循環。

因此，正如本章所說，選擇容易展現成果的工作場所非常重要。無論是轉職或調職，這個道理都不會改變。

內部調職的門檻較低

如同前面提到，我認為，即使因為想做不同的工作而轉換環境，與其突然大規模的改變工作環境，不如選擇在當前公司內提出調職的申請，反而能更有效率的測試自己的優勢，並確認適合自己的場所。

為了轉職，須做許多事前準備，舉凡調查應徵公司的資訊，並實際應徵、面試等，都十分花費時間和精力。而且，究竟新工作是否適合自己，還得等到最後實際上班時才會知道。

然而，如果是選擇調職，畢竟還在同一家公司裡，一定程度上可事先確知調職部門的工作氛圍。此外，在日本，即使你希望從事不同的職務，例如從銷售轉向企劃或市場行銷，如果沒有相關經驗，內部調職的門檻還是比轉職低得多。這也是日本企業的特徵，也就是員工若要轉職，零經驗者往往不會被錄取，但在公司內部，就算是沒有銷售經驗的人，也可能會被調派到銷售部門工作。

應屆畢業入職後就一直從事財務工作，回過神來發現自己已經年過四十，因而感覺焦慮的人，與其直接選擇跳槽，不如向公司內部申請調動，藉此換到一個新的工作場所會更好。在過程中試著尋找適合自己優勢的場所，我認為也是不錯的選擇。

突然跳槽到其他公司，或認為自己必須培養新的優勢，而突然開始上程式設計課，這樣的做法幾乎毫無意義。有人也可能過度重視商業人士會參考的網站、影片，開始嘗試本來就不適合自己的提升技能方法（當然，這類網站或文章中，也有一些內容對特定族群有幫助）。然而，正如把一．〇一乘以一．〇一幾次，結果仍幾乎等於一，即使這麼做，恐怕也無法提升優勢。

與其如此，不如把握機會，在公司內部調動以體驗不同職務。如果你想嘗試其他工作，或認為自身優勢不僅限於銷售領域，也許還能在新業務上有所發揮，如此就能在門檻不高的狀態下，調動到或許能發現適職的工作環境，這值得好好利用。

觀察企業文化

此外，在選擇適合自己的工作場所時，你須特別留意：評估該職場的企業文化。即使你具備處理工作的技能，如果企業文化和你的特質不相符，工作時便會綁手綁腳。就算和每一位同事都相處融洽，如果整體的職場氛圍不適合自己，你還是會感到痛苦。

無論是轉職到其他公司，還是在公司內部調動到其他部門，如果你對該企業的組織文化感到抗拒，可能就很難取得成果，因此應該避免。

舉個例子，假設有個職場人士轉職或調動到某公司的業務部，而這個部門非常注重實際拜訪企業、溝通，與大量的客戶談話。如果剛入職的人不善於建立人際關係，反而擅長將銷售過程系統化，並制定有效率的策略，結果會發生什麼事？**他的優勢將完全無法發揮**。明明他並非缺乏銷售實力，卻身在強調「用雙腳跑業務」的環境，就很難取得滿意的成果；相反的，如果是溝通能力強、人際關係處理得當的人，就很適合這樣的環境。

因此，你不僅要考慮職務、和同事之間的關係，觀察組織文化是否適合自己的能力也十分重要。如果想跳槽到不同公司，便不容易事前調查，但若是公司內部的部門調動，只要事先向同事打聽，或在還未調職前，先協助不同部門的工作，就能大致了解組織氛圍。

從這個意義上來說，與其考慮直接跳槽，不如將公司內部調動納入考量，再思考自己想去的地方更好。

進行自我評測

到目前為止，書中提出工作場所的重要性。許多人經常忽視對於場所的認知，我指出了這一點，同時說明如何選擇職場。

但光是理解自身優勢，還是很難理解自己究竟適合怎麼樣的場所。因為在職場上不只有自己，還有其他員工。如果無法客觀的了解自己如何被他人評價，就難以評估某個場所是否適合自己。

在本節最後，我試著列出一些問題，有助於自我診斷以找到適合的場所。

首先，請你**仔細回顧自己目前為止經歷過的職場，推斷自己在怎麼樣的環境中能發揮實力**。目標是更進一步探討，理解自己容易展現成果的環境是怎麼樣的地方。

接著，更具體的意識到自己對於工作環境有哪些需求。只要整理出這些想法，就能更客觀的了解自己在尋找怎麼樣的職場。

請逐一自問自答以下列舉的題目，並寫在筆記本上。雖然也可以在腦中思考答案，不過用眼睛閱讀題目後，再實際寫下答案會更好。將思緒化為文字，能讓模糊的想法變得更加明確，以更容易看見適合自己的場所。

請回顧過去的經驗，思考關於讓自己發揮最大潛力的職場：

- 該職場有什麼特徵？
- 你從事什麼工作？
- 團隊有幾個人？

・同事、主管是怎麼樣的人？請列出具體的故事。
・內部有怎麼樣的組織文化？請提出典型的案例。
・公司處於什麼階段（例如：草創時期）？
・你認為自己在該職場，為何能發揮最大的潛力？

請整理自己對場所（職場）的看法：

・你認為自己不須太過努力就能做好工作，還有機會成為重要員工的職場，是怎麼樣的地方？
・相反的，你認為自己就算發揮一〇〇%的實力，也很難受到好評的職場，是怎麼樣的地方？
・假設在目前的工作中，你可以發揮自己的強項，你認為會是什麼樣的優勢？
・假設在目前的工作中，你可以善用自己的強項，你認為是以什麼樣的方式工作？

・在目前的工作中，有沒有覺得「應該這樣做會更好」，或「如果是我，會這樣做」的情況？是怎麼樣的情況？

・相反的，你認為哪些限制讓你無法發揮實力？

・對於規則朝令夕改，你的看法如何？你完全不在意嗎？還是覺得有趣？又或者這會讓你感到有壓力？

・對於被指派超乎自己實力的任務，你有什麼想法？

・相反的，如果工作穩定，但只是重複同樣的任務，對此你有什麼想法？

・對於只被告知大方向，接下來得自己思考做法並執行的工作，你有什麼想法？

・對於需要主管具體指示該做什麼的工作，你有什麼想法？

・對於做法已經固定，大家都必須遵循相同做事方式的工作，你有什麼想法？

・對於可以每天自行小幅度改善做法的職場，你有什麼想法？

・對於即使在小地方改變做法，都須和主管或同事協調、商討的職場，你有什麼想法？

・你認為能做自己想做的事比較重要，還是做自己擅長的事比較重要？

・你認為不造成人際關係的摩擦比較重要，還是一邊激烈討論不同意見，一邊尋求正確答案比較重要？

・你想不斷的挑戰新事物嗎？還是比較喜歡穩定的做相同工作？

4 讓工作主動找上你

在前面的章節中，我提到如何選擇工作場所，以及當我們主動前往某個職場時，應該留意的幾個要點。

正如我在第一章提到，除了主動選擇外，**還可以讓工作場所主動向我們靠近**。

舉例來說，假設你原本從事銷售工作，想在公司內部進行職務調動，轉到從事新創事業的部門。然而，有時候職務調動的申請難以如願。在這樣的情況下，你可以思考如何讓新創事業部門主動找上你。

目前，日本社會正面臨各個職場都缺乏勞動人才的問題。以前面的例子來說，如果你希望進入新創事業部門，那麼**主動提出「我可以無償協助處理雜務」**，**再強行展開該部門的工作**，或許是不錯的辦法。當然，前提是你須先向自己所屬部門的主管說明情況，表明「我會確實做好自己的本職工作，同時幫忙處理新創事業的工作」，獲得主管的許可才行。

你在處理雜務的過程中，逐漸會有新創事業的工作交派給你，所以即使不調動部門，也能改變工作方式，獲得其他職務的體驗。於是，你就可以判斷自己是否真的想從事新創事業，以及是否適合這份工作。

前面我提過，轉職後的第一至第兩個月關注度最高，須在這段時間交出成果，而這個道理也適用於在公司內部調動。藉由提升存在感，就能讓別人認為「這個人工作能力還真不錯，下次讓他參加新專案好了」。換句話說，這也有助於增加把工作場所吸引過來的機會。即使你維持公司員工的身分，能做的事還是很多。

此外，除了轉職或調職，還有許多人會想從事副業。甚至有人希望不要任職於任何公司，而是以自由工作者的身分自立門戶。然而，不論副業或全職接案，都會被以有別於公司內部的標準來評價。所以，若你想進入這個領域，包含如何獲得工作機會、集客，這些問題都會成為最大的煩惱。

對於一直很難順利找到工作、無法確定自己該做什麼的人來說，他們常只會以「如何獲得工作」的想法來思考職涯。於是，許多人會忽略一個盲點，那就是「**如何讓工作主動找上門？**」的視角。換言之，你要思考的是該怎麼做，才能把工作機會吸引過來。

總而言之，為了讓機會主動降臨，你應該思考自己要如何採取行動，才能讓工作被你吸引。

至於方法，如同前面提到，即使身為公司職員，也可以在公司裡逐步靠近自己希望進入的部門，就算是做一些和日常業務無關的雜務也無妨，這也是重要的策略。

這麼做，有時候可能會有意想不到的機會主動來敲門。如果想進入自己期望的職場，或在能發揮自身專長的地方工作，**光是如此就能提升存在感**，這是吸引機會的一種方式。

為了讓工作機會主動找上門來，該怎麼做？想增加對方主動詢問的機會，又該怎麼做才好？如果是以「無論如何都要提升職涯高度」的想法為前提，往往會想自己主動出擊，把握住機會——而這種思維缺乏的，正是讓工作場所主動靠近。

從這點來看，對於容易藉由部門調動來改變工作地點的公司員工來說，「把工作場所吸引過來」或許是更具有意義的能力。

將需求具體化

無論是轉職、調職，或從事副業、獨立接案，如果對自己想從事的工作沒有具體概念，就很難搞懂該如何吸引機會。許多人可能只是產生模糊的「我想轉職」、「我想轉調部門」、「我想從事副業、全職接案」等想法而已。

「你為什麼想轉職、調職，或從事副業、獨立接案？」關鍵在於將這些問題的答案明確表達出來。如果回答「想提升技能」、「想增加收入」，還不夠具體，請試著展現自己的需求——在這個過程中，故作姿態、過度追求高期望也沒有意義。你要坦率的將自己的心情化為更具體的詞彙，這才是最重要的。

如**「我想做副業，藉此每個月多賺三萬日圓」**、**「我想擔任專案經理」**，**或「我想去新創事業部門工作」**，請試著將這些真實的需求都表達出來。

「吸引」這個詞彙，經常被用在與自我啟發相關的書籍中，但在許多情況下，這個詞彙的使用方式仍有些模糊。例如，「每天微笑的人會吸引好運」這種句子，就是一個典型的例子：事實上，每天笑容滿面但無法勝任工作的人，並不會被指派重要的工作。如此模糊的敘述，並不能幫助我們將職場吸引到眼前。

如前所述，說出「我想做副業，藉此每個月多賺三萬日圓」的人，他的具體目標就是透過副業賺到三萬日圓。接下來，他就能制定出一套該怎麼做，才可透過副業賺到三萬日圓的策略，並付諸行動。

在制定吸引職場的策略前，你須先具體的思考：「吸引過來後，我想做什麼？」建議你坦率的面對需求，再試著將需求化為文字或語言。

制定策略

如果你將「我想做副業，藉此每個月多賺三萬日圓」這個具體的需求設定為目標，接下來就是制定策略，思考該如何賺到錢。假使金額是每個月五萬日圓、十萬日圓，策略也會隨之改變。

假設你的目標是三萬日圓，有幾種方式可以選擇：每天賺一千日圓，三十天累積到三萬日圓；或找到一位願意每個月支付三萬日圓給你的人。

就像這樣，如果目標已經確立，就試著思考具體的策略，只要制定出可以一天賺一千日圓，或靠一個案子賺到三萬日圓的計畫，你就能清晰的看見自己必須吸引怎麼樣的工作。

如果覺得每天做副業太累，就選擇靠一個案子賺到三萬日圓的策略——找到願意每個月支付三萬日圓的顧客或公司。你可以每個月固定跟同一個人、或同一家公司合作，也可以和不同的人或公司合作。總而言之，只要找到願意每個月支付這筆費用的人或公司，就可達成「我想做副業，藉此每個月多賺三萬日圓」的目標。以這個概念來說，就算這份副業的需求非常小眾，也完全沒有關係。

例如，假設一個人擅長操作電腦，具備熟練操作 Office 軟體的技能，能順利的彙整 PowerPoint 簡報的資料，就是他的強項。即使並非設計師本業，凡是公司職員應該經常會接觸到 PowerPoint 軟體，製作簡報也是日常工作之一。而能將資訊彙整得井井有條、擅長製作簡報資料也是一項卓越的優勢。

如果他要發揮這項優勢，創立每個案子收費三萬日圓的副業，可以尋找明明有重要的銷售簡報要做，卻無法妥善整理資料而深感困擾的人，再以三萬日圓的價格來承接製作簡報的任務，我覺得每個月至少有一個人會遇到這樣的困擾。

可以利用網路或社交媒體來尋找這樣的客戶，或許就能相對簡單的找到潛在的客群。

假設每月賺三萬日圓就好，那麼專注於雖然範圍狹窄、但確實存在的需求，就是一個重要的關鍵。這也確實是一種策略。

如此這般，**只要具體的讓自己的需求變得明確**，就更容易制定出達成目標的策略。目標越具體，不僅發揮自身優勢的方式將有所改變，也會知道該如何行動。

在此我雖然是以副業為例，但以本業的狀況來說，這個概念基本上並無差異。

僅想著「我在公司裡沒有獲得他人的肯定」或「薪水都不漲」，並不會改變現狀。在模糊的狀態下，因為你不確定自己該做什麼才好，也無法決定出策略方向，**所以應該更具體的界定「備受肯定」是什麼狀態，以及如果你想加薪，具體又該提升多少薪水**，如此更真實的將自己的需求表達出來，再制定相應的策略。

如果想加薪，當然需要了解公司薪酬體系的制度和規範。此外，雖然各家公司的狀況不盡相同，但我認為通常有些部門的薪資容易上調，有些部門則較難提升。越是業績表現傑出的部門，薪水往往越容易增加；與此相反的部門就越難提升，這應該算是典型的情況。

既然如此，即使是擁有相同能力的員工，薪資調整的難易度也會因隸屬部門的不同而有差異，所以關鍵在於個人屬於哪裡，也就是身處的工作環境在哪裡。因此，如何轉調到這些容易加薪的部門，就變得相當重要。

5 讓其他人知道你的存在

為了引導自己進入理想的工作場所，在當前的環境中展現成果，是很重要的一件事。在此我以公司內部的調動為例，為了讓想去的部門被你吸引，大前提就是：**讓自己在公司內部有一定的知名度，使其他人知道你的存在**。

只要你能讓主管、周圍的人對你刮目相看，那麼當公司有新的機會時，他們搞不好就會第一時間想到你。

當人事負責人問你所屬部門的主管：「我想調動一個同事到新創事業部，你們部門有沒有適合的人選？」能讓他們腦海中浮現「那個人應該可以勝任」的存在感，是非常重要的。

相反的，如果人事負責人詢問：「那個人如何？」主管卻回答：「他可能還不行。」當下這個人就失去了調職的機會。換句話說，**是否在日常工作**

中展現成果，直接決定你是否能把工作場所給吸引過來。

專注於當前的工作

因此，成為人事負責人或主管會提到的名字，就是掌握吸引職場的捷徑。當然，為了達到這個目的，全心投入在眼前的工作上、最後取得成果，才是簡單明瞭的手段之一。

有人在考慮改變工作場所時，會將重點擺在為了提升技能而做其他事，因此容易被周遭的事物吸引，但其實這反而是大繞遠路。相反的，**專注於當前的工作並全力以赴**，會引導你更快的走向理想職位，請試著對這一點有所認知。

例如，在你目前工作的部門中，試著主動承擔大家認為既麻煩又艱難的專案——當你積極的態度獲得好評，也許就能讓主管、身邊的人對你另眼相看。

或者，**如果你已經清楚自己的優勢何在，請試著思考在目前的部門中，**

可以將這些優勢應用在哪些任務上。如此一來，當你發現某個專案正好能發揮自身優勢，不妨積極主動的向主管表達「請讓我來做」的意願，或提議：「這樣處理如何？」都是不錯的選擇。

因為你能發揮自己擅長的技能，所以在工作上得心應手，因此可以更迅速且簡單的取得成果。藉由這樣的做法，能讓身邊的人知道你的優勢所在。

簡而言之，你要對周圍的人展示存在感，但光是讓他們記住你的名字還不夠。讓主管、身邊同仁清楚了解「原來這個人擅長做這樣的工作」，如此將你的優勢確實的傳達給他們。

舉例來說，如果主管、身邊的人知道你擅長從頭開始整理事物、策劃，具備很強的思考能力，他們下次可能就會分派須運用此能力的工作給你。正因為你在相關領域有展現成果的實績，相似的工作自然會源源不斷的找上門來。

這樣的情況持續下去，某一天當人事負責人詢問：「有誰適合做企劃嗎？」主管可能就會想到你，把你推薦給對方。如此這般產生了吸引力，為調職創造有利的條件。

所謂的優勢，靠自己好好的理解固然很重要，但也得讓職場的其他人了解你的優勢所在。關於優勢的定義，我會在第三章詳細說明。更加了解自身的優勢，並讓其他人也知道你的優勢所在，是把職場吸引過來的關鍵。

給從事副業、全職接案者的建議

前面討論了在公司內宣傳自己，再將工作場所吸引過來的方式。另外，對於從事副業、全職接案的人來說，我認為吸引工作機會上門，也是相當關鍵且必要。

例如，有人希望成為作家，想靠寫作謀生。在當今網路發達的時代，不僅有傳統的紙質雜誌和書籍，網路寫手也會在網路上撰寫各種文章。該工作其實和作家非常接近，想成為網路寫手的人應該也不在少數。

無論是以自由工作者的身分自立門戶，或以副業的形式從事寫作，大家的第一步通常是接案，向認識的人詢問工作機會，或註冊群眾外包平臺的會員。

問題在於，**如果是透過群眾外包平臺接案，便不容易傳達出個人優勢。因為這難以清晰的展示自己擅長什麼、能做什麼，也很難再傳達給其他人。**無法說明自身優勢，最終就不得不以低廉的單價來工作。

如果你想成為一名作家，與其使用這類服務，不如每天在部落格平臺上撰寫、發表文章。如此一來，你可以以自己擅長、喜歡的風格展現。為了讓自己以作家身分嶄露頭角，這麼做或許能更快的讓大家發現你的存在。

即使過去接案，從事低價工作長達一到兩年，也很難想像從中得到更好的機會；但現在有許多的實際案例，是作家收到來自網友的邀約：「你在網路上分享的文章很有意思，我能請您來做這樣的工作嗎？」若先展現自我，再吸引工作上門，比較有可能達到成為作家的目標。

當然，你不會因為分享文章就立刻接到工作。但如果能一邊在網路上寫作，一邊讓人們認識到「這個人的文章還真不錯」、「他有寫作的才華」，就有可能為自己帶來機會。

所以，我認為無論是想獨立創業，或想從事副業的人，都應該將具備優勢的自己展現給其他人，從這一步開始執行就是最佳捷徑。

其實，我也曾創業、只靠自己經營公司一段時間。當時，我主要的工作是幫助企業招募人才，但當我開始認真思考該如何得到更多的機會時，才發現即使仰賴人脈，自己認識的人也沒有那麼多。而且，縱使依靠人脈，也都是和過去工作相關的職位，結果演變成幫助競爭對手的局面，這讓我覺得不太對勁。

於是，我決定利用部落格來推廣自己。我針對一些受關注的企業和有潛力的創業公司，主動修改它們的招聘廣告，希望藉此有更多人來應徵。令人驚訝的是，那些企業竟然主動聯繫我，說「我們看到了你的文章」。之後，他們開始實際發案子給我。這個小故事也是把工作場所吸引過來的案例。

職場也在尋找你

如此這般，「把職場吸引過來」這句話若要換個說法，我認為是「職場那一方也總是在尋找人才」。目前，日本社會各行各業都面臨嚴重的缺工問題，隨時都在尋找適合的人選。

事實上，若只待在學校、公司，並不容易察覺到「職場也在尋找人才」。以前面提到的程式設計師或作家為例，可能要等到開始工作、處理過幾個案子後，才會意識到這一點。因此，許多人在希望成為程式設計師或作家時，往往會從掌握技能開始著手。

而其中存在著一個重大誤會，那就是：「只要我提升了技能，工作就會自動找上門。」應該有不少人認為在不具備技能的情況下，不會有業主來委託；但只要學會一定的技能，就會開始接到案子。

然而，這個想法和事實不同。再怎麼優秀、實力堅強的作家，都有擅長、不擅長的領域。某些特定的領域，只會吸引到特定的人群。而涵蓋的領域範圍越廣，觸及的人數就越多，如此而已。

這種以「零」或「一」來思考的人，往往認為所有委派工作的人，都以相同的標準來判斷是否要委託。這也和事實有差異。實際上，判斷標準只是業主的個人喜好。當然還會參考各種條件，但最終業主還是基於「我喜歡這個人的文章」、「這個人的設計看起來真不錯」等，帶有偏好的判斷來決定。其實，搞不好是因為容易取得聯繫，或其他更簡單的原因也說不定。

換句話說，許多想獲得工作的人，可能都誤解了委託方的想法。

6 這個組織，誰有話語權？

在前面的內容，我提到求職者可能不太了解委託方的想法和實際情況，我也試著將這一點轉化成問題，而這也和先前提到的企業文化有關。

例如，有人在轉職或調職後，才發現自己和新主管不合。反之，也有人在換了主管後，突然展現出更好的工作成果。

就像這樣，當我們提高理解程度，就會了解工作、調職本身，其實都是由特定的關鍵人物成立。

人們常說「從公司那裡接到工作」，但實際上，負責交派工作的並非公司這個龐大的組織，而是工作的負責人，也就是由公司裡某個具體的人決定。

換句話說，**如果你想得到工作，其實不須向整個公司進行自我宣傳，只要把訊息傳遞給交派工作的人即可**。只要那個人注意到你，就已經足夠。

公司的決策，其實是由具體的某個人決定。這一點看似明瞭，但可能常被大家忽視。在許多情況下，提到：「怎麼做，才能讓工作主動找上門來？」時，我們是否都不小心把問題變得複雜？

即使是公司決策，也是由個人決定

如果你想增加訂單、獲得工作，提高對工作委託方的理解程度就至關重要。正如前面提到，只要提高理解程度，就能制定出具體策略，並付諸行動。

我之所以寫這本書，是因為出版社主動向我提出邀約，但實際上，交派工作的始終是具體的某個人。這就和主管說「這件事麻煩你了」，再交辦給你並無區別。差別只在於是在公司裡面或外面。換句話說，無論在公司內部還是外部，都有許多人「想把工作交託給某個人做」。

在公司內部，當主管對部屬說「這件事麻煩你了」，就意味著他認為這位部屬具備完成這項工作的能力，於是將工作委託給他。這是因為部屬在公司任職的過程中，已經讓主管了解他的優勢，所以才會被交辦工作。

而如果是從事副業、獨立接案，對於打算離開名為「公司」的組織、在外面工作的人來說，道理也相同。只不過，公司外部的人因為過去沒有和接案者合作的經驗，所以接案者必須清楚的展示優勢。為了吸引特定客戶，得主動讓邀約發生。

我在本章討論了各種吸引工作的方法，希望你務必加以參考。再次強調，我希望你認知到一件事：是否委託工作，並不是基於公司這個模糊的存在，而是某位具體的個人（關鍵人物）的判斷。

只要專注於自己想去的地方、想做的工作，並向那些關鍵人物展示自己的優勢，相信你就能更加具體的採取行動。

第三章

能獲得最高評價的「適職」

1 理解自己的優勢

在第二章，我提到職涯契合思維的核心——也就是在優勢×場所方程式當中，許多人不容易意識到的工作場所。從能否發揮或扼殺自身優勢的角度來看，如何尋找適合的職場，並將該職場吸引過來，是非常重要的一件事。

只要發揮優勢、在該職場取得成果，不僅能吸引其他工作場所主動找你，更能以其他形式來善用優勢。

無論如何，為了找到適合自己的場所，**還是得先理解自己的優勢是什麼**。正如本書所說，我們不該放任自己模糊的理解優勢，而是進一步理解，並更加具體的看待。

在本章中，我會更仔細的拆解，希望能給讀者一些提示，幫助各位整理自身的優勢。

如同前面提到，許多人被問及自身優勢是什麼時，基本上對於「優勢」的定義和工作場所一樣模糊。在此，讓我們一起提升對於優勢的理解程度，加以拆解，並持續觀察下去。

在第一章中，我曾簡單提過，我認為優勢可分為技能、能力、特質。若以方程式來表示，就會是：**優勢＝技能＋能力＋特質**。

許多人容易將技能、能力、特質混為一談。儘管這三大要素同樣都是構成優勢的力量，它們的意義卻大不相同。接下來，我會針對這三點逐一詳細的探討。

2 經驗不等於技能

所謂「技能」，是指透過經驗獲得的能力。查閱字典，可以看到技能被定義為「熟練的技術」（《廣辭苑》）、「才能、專業技術，以及透過訓練獲得的特定技術」（日文辭典《數位大辭泉》）。這些解釋都表明：技能確實是經由訓練等經驗累積所獲得的能力。

近年來，商業術語中也出現硬技能和軟技能這兩種分類方式。硬技能指透過以往的經驗、訓練而獲得的高度專業知識、技能。舉凡語言、程式設計等，都被歸類於硬技能，通常能透過檢定考試鑑別，具有容易客觀的測量出其能力數值、等級的特性；軟技能則包含溝通力、協調力、領導力等，難以客觀量化的個人特點。

在與人力資源、職涯相關的書籍中，我們經常能看到技能分為硬技能和軟技能。但從我的定義來看，這種分類方式是將技能、能力、特質混在一起討論，也有一部分讓我忍不住想問：「這真的可以稱為技能嗎？」因此，在本書中，我會將「技能」更簡單的定義為「透過經驗獲得的能力」。

技能必須具有再現性

本書中所說的經驗，是指過往自己一直以來做的事，也就是過去的事實。例如「我曾從事三年的會計工作」，這就是經驗。而我將透過這些經驗而習得的能力定義為「技能」。

例如，即使簡單的說曾擔任會計，其中也涵蓋各種不同的業務。例如開立發票、處理收到的發票；經費報銷；根據科目分類記帳；月度的帳務結算、年度的帳務結算，都屬於會計的工作。

至於一名會計人員的業務範疇涵蓋到哪裡，各家公司都不盡相同。**即使同樣說「我有三年的會計工作經驗」這句話，可能有人經手過所有的會計工作，**

而有人只處理過其中一部分的業務。

一名會計人員若能在無須向他人請教的情況下，獨自完成所有的會計工作，就是一項相當可貴的技能。必要的溝通、工作行程安排，以及與記帳士確認這類關乎數字計算的業務，全都包含在會計工作中。只要能滿足這些關鍵，並完全勝任自己的工作，就可稱為技能。

如此這般，**技能指不僅擁有相關經驗，還能自行完成工作，且無論到哪裡都可以再現相同的成果**。以前面的例子來說，「我曾經從事三年的會計工作」不過是一段經驗；但如果一個人能獨立完成被稱為「會計」範圍內的所有工作，並且不是在目前的公司，而是即使轉職到其他企業也能做到，那麼他就算是擁有全方位的會計技能。

換言之，即使簡單的說一句「我有會計經驗」，但究竟處理過哪些會計業務？這個答案根據經驗而有所不同，且這些經驗是否確實內化、轉變為自己的技能，也是因人而異。

「我做過業務」，這不是技能

此外，在思考自己擁有哪些技能時，我認為還要進一步理解過去曾有過的經驗，再試著回顧，這對於了解自己的技能是什麼也很重要。

我之所以會這麼說，是因為即使提到「我做過會計」或「我做過業務」，卻很少有人深入探究過自己具體藉由怎麼樣的經驗，培養了什麼技能。換句話說，就像我前面所說，這就是**把經驗和技能混為一談**。其實許多人都**僅停留在「我一直都從事業務工作」的自我評價**。

舉個例子，假設有一個人說「我有五年的業務經驗」，他的認知僅停留在「我能做業務的工作」這一點。如果他試著深入探討，自己做的究竟是什麼型態的銷售？又或者，自己擅長什麼型態的銷售？如此加以探究，就可以知道業務的工作範圍相當廣泛。

是擅長開發新客戶，還是和既有客戶交流？這兩者的業務形式有所不同。還有，銷售對象是大企業，必須花費一年時間來獲取數億日圓的訂單？還是以中小企業為目標客群，每個月持續成交數筆十萬、二十萬日圓的訂單？兩者的銷售風格也會有差異。又或，銷售的是資訊、服務這類虛擬商品，還是實體商品？目標市場是餐飲業，還是零售業？

諸如此類，即使是籠統的一句「我有五年的業務經驗」，但只要細分這些經驗的實質內容，就能清楚的了解這個人實際上做過哪些事，以及最後他學會了什麼技能。即使同樣都是銷售經驗，每個人的情況都有極大的差異。

問題在於，許多人沒有進一步觀察自己有什麼經驗，以及掌握了怎麼樣的技能，因此無法確實的將這段經歷表達出來。

你是否低估了自己

我有時候會在新聞節目中擔任評論員，因此有機會和許多主播談話交流。令我驚訝的是，每一位主播都對自己的職涯非常苦惱。當他們的主播工作遇上瓶頸，或希望進一步追求職涯升遷時，經常會對「自己到底還能做什麼？」

感到焦慮。

換言之，儘管他們長年從事主播工作，卻並不清楚自己掌握了哪些技能，甚至不知道這些技能會轉化為怎麼樣的優勢。

主播能在規定時間內調整、朗讀稿件，並且流暢的表達。然而，他們卻經常這麼說：「**就算我能做到這些，但在其他領域沒什麼用吧？**」

然而，這對一般的業務員來說，無疑是一項令人驚嘆的技能。不僅可應用於簡報，也有助將自家企業的魅力簡單明瞭的傳遞給媒體，或在公關工作中充分發揮作用。儘管如此，許多主播卻認為自己沒有可善用的技能。如此一來，他們即使想嘗試做主播以外的工作，仍會猶豫不決，甚至考慮考證照以增加競爭力，結果無端繞了遠路，甚至迷失了方向——這樣的故事屢見不鮮。

舉例來說，假設被要求「麻煩將評論控制在十秒內完成」，多數主播應該都能以秒為單位來調整。但對於其他職業的人，尤其是一般的業務員來說，這就是厲害的技能。

即使這對於主播來說非常普通，**但如果轉換成「能在五分鐘內進行自家**

公司產品的簡報」，就是一種武器。這也充分展現了優勢×場所的關係。無論如何，不試著清楚的分析技能屬於什麼性質、具備怎麼樣的意義，就會做出錯誤的評價。

過去的經驗，是否成為技能？

那麼，該如何判斷過去的經驗，是否真正成為技能？總結目前為止針對技能的論述，我認為條件可歸納為以下兩點：**一、能獨力的完成工作，以及二、無論到任何地方都能再現的能力**。

以前面提到的例子來說，重點不是模糊的「會計經驗」，而是「能完成年度決算」或「能按會計科目進行分類」，這才是具體的技能（符合條件一）。

此外，即使轉職進入不同的公司，工作環境有所改變，如果能在無須向他人請教的情況下完成前述的工作，這項技能就具備再現性（符合條件二）。

滿足了這兩個條件，才算是個人的技能。首先你要意識到這兩點，並嘗試回顧自身的經驗。

這時候，你應該留意哪些地方？我在面試非應屆畢業的轉職者時，經常會問以下這些問題，或許對你檢視自己的技能有一些參考價值。

例如，如果有一位求職者說：「我在前公司任職三年，以業務身分取得了成果。」假設我是面試官，就會問：「在業務部中，您大概排在第幾名？」或「您在一百位員工中排第幾名？」詢問具體的數字。

假設求職者回答「我當時是第十名」，我就會進一步詢問：「那麼，你認為自己和其他九十人之間的差異是什麼？」只要我這麼一問，多數人都無法繼續回答下去。

即使勉強回應：「我想是對銷售數字的承諾吧！」求職者沒有深入思考為何能取得成果，答案往往只是陳腔濫調。如果我再問：「有沒有具體的實際案例，能證明你比其他人更接近業績目標？」通常他們也無法給出答案。

許多人看似在思考自身優勢，實際上卻未深入挖掘，並化為言語表達出來。如果無法像分析工作場所一樣，更加清晰的分析自己，我認為很難確實理解優勢。

回到前面提到的案例，假設一名有業務經驗的求職者說：「我擅長與人建立關係，所以銷售業績也不錯。」他說的或許是事實，但如果我是面試官，還會進一步詢問：「你如何與他人建立關係？有沒有自己的一套方法？」或「你會思考哪些因素來和對方建立關係？」這時候，求職者的答案通常是「我很重視對方的感受」或「我會頻繁的拜訪對方」，這類模稜兩可的表述。

我認為，他們自認為「建立人際關係」是優勢，但沒有更詳細的理解。進一步來說，**假設他們換工作，是否能重現過去的銷售成果？**如果在下一個職場無法再使用「頻繁見面」這個策略，那他們就變成什麼都辦不到的人。

因此，說自己擅長建立關係的人，請試著重新思考自己實際上都在做什麼，並重新拆解自己具體在做的、能做的事。

如果前面提到的求職者可以做到這一點，必定會給出不同的答案。假設被問及建立關係的自我心法，或具體都做了什麼，他或許會這麼回答：「第一次跟對方見面後，趁著記憶猶新時就盡快寄出感謝信，這一點非常重要。

只要先這麼做，就算我沒有其他的銷售提案，也能讓我和其他業務負責人拉開差距。」

總而言之，如何在客戶心中留下印象，對於業務員來說至關重要，所以他們會透過各式各樣的嘗試與錯誤，建立起這樣的具體策略。這些試錯過程之所以成立，是因為該求職者具備了思考能力，以及構建假設的能力。

像這樣相當理解自己在做什麼的人，即使轉換到不同的工作環境，也可以採取相同的行動。也就是說，「建立人際關係」這項特長已經達到能稱為技能的狀態。這時，將建立人際關係化為可能的這一項思考力，可說是從經驗中提煉出技能的能力。

說出「自己正在做什麼」

能否將「自己正在做什麼」具體的化為語言來說明，是我認為判斷一個人是否確實掌握了技能的關鍵。

前述的面試問題也一樣，都是為了看出求職者是否理解自己的技能，並更加具體的思考。

儘管從事相同的工作、有過相同的經驗，成果截然不同的人，當然懂得和工作環境相互協調。雖然這並不能一概而論，但我認為在多數的情況下，差異就在於**能否將經驗轉化為技能**。僅擁有經驗，就只能在當下的環境中發揮作用，無法複製重現；但只要將經驗內化為技能，那麼無論在怎麼樣的情況下，都能重複展現出成果。

為了達到這個目標，你必須了解自己正在運用哪些技能。而前面提到的面試問題，可幫助你洞察自己擁有哪些技能。

藉由反覆自問自答、持續挖掘自身技能的提問，你就能逐一釐清、提升職涯的理解程度。只要具體的將自己正在做的事加以拆解，就能更清楚的確知自己擁有怎麼樣的技能。

在這個過程中，或許你會知道自己為什麼能掌握這些技能，並了解自己如何從經驗中萃取出技能。以前面提到擅長建立人際關係的求職者為例，或許他具備想像「我這樣做，客人應該會很開心」的能力。此外，他可能也有從想像中建立假設、再付諸實行的能力。再者，他可能還擁有經驗轉換成技能之前，能堅持到底的毅力。只要能從經驗中提煉出技能，這三種能力就會成為他的優勢。

我們可以了解這個人具備想像力、建立假設並付諸實行的能力，以及堅持到底的毅力。今後，他在習得新技能的過程中，若努力優化這三種能力，我認為他會更容易掌握新的技能。

你覺得如何？只要提升理解程度，就會發現自己擁有各式各樣的技能和能力。在下一個章節，我會針對從經驗中提煉出技能的能力，再更詳細的說明。

3 再現性

如前一篇內容所述，技能是指即使轉職到其他公司等環境，依然能重現相同的成果。且就算不向別人請教，也能多次獨力實際執行工作，如此確實掌握在身上的特長。

然而，**倘若僅擁有經驗，卻沒有從中學會、獲得任何東西，那麼一旦工作的環境改變，就很難再展現同樣的成果**。這樣的人，沒能從經驗中獲得技能。而我認為要將經驗轉化為技能，必須具備的就是能力，也是構成優勢的要素之一。

根據這個定義來判斷，一個人無論有過多少次經歷，若依然無法將其轉化為技能，或許是因為能力較差的緣故。

舉例來說，在挑戰新事物時，有人能迅速掌握，有人則很難做到。

以練習滑板為例，有人能很快的學會各種技巧，並隨時重現那些動作；有人即使練習了好幾次，還是很難學會。我認為這就是能力的差異。若以滑板的例子來說，或許可稱為運動能力的差異。

在工作現場，這樣的情況應該也屢見不鮮。**即使是從未接觸過的工作，有人能立即抓住重點，並拿出相對應的成果，也有人無法做到，兩者之間存在著能力差距**。這也是將經驗轉化為技能的能力差異。

讓我們觀察得再具體一點。例如，在銷售保險的領域，業務員常須主動上門推銷，和不同的客戶談話。有人能立刻深入理解對方的內心，以對方期望的方式溝通；也有人始終掌握不到要領，無法順暢的與他人交流。

從經驗來看，如果從事相同的業務工作，卻仍逐漸出現這樣的差異，那就表示經驗轉化為技能的能力存在著差異。

可以在銷售時順利溝通的人，或許具備觀察他人細微表情的能力，也很懂得從細微的言行舉止中揣摩對方的需求。或者，他們還可以察覺到對方是怎麼樣的人，再配合對方改變溝通風格。我認為這種人際互動能力，在將銷售經驗轉化為技能的過程中會發揮作用。

換句話說，即使輸入的量相同，只要能力有差異，輸出的量也將有所不同。在這個情境中，輸入是經驗，輸出則是技能。當進行相同的輸入時，能增加輸出的量，或更快速的輸出，就可以被定位成能力。

能力優秀的人，確實做到PDCA循環

在技能、能力、特質當中，技能基本上是指自己已經掌握的事物，所以通常伴隨著相應的真實感受或成果，同時以成果輸出的可見形式展現出來，因此無論從自己或他人的角度來看，都很容易理解。

特質也是一樣，它是指與生俱來、不易改變的自我特徵或性質，因此某種程度上，可透過與他人比較來加以釐清。

然而，關於這三者中的能力，要確知它的本質究竟為何，其實相當困難。

正如前面提到，能力不像技能，是藉由輸出的形式以結果呈現，也不像特質

是構成個人的基本性質，所以在某些情況下，能力可以像技能一樣，藉由努力來提升。

我在面試中最看重的部分，就是這個難以辨識的能力。當然，即使直接問求職者：「你的能力是什麼？」通常無法得到準確的回答。**多數人會在面試中講述自己的經驗。因此，我會詢問求職者：「透過這些經驗，獲得了什麼技能？這些技能水準大約在哪個程度？」**具體來說，這跟我前面提到的面試是相同的道理——在探索技能的過程中，加深對於個人能力的理解。

倘若透過以往經驗獲得的技能程度較低，我們就不得不判斷這是因為能力本身偏低，當事人將經驗轉化為技能的效率並不高。相反的，轉化效率高的人就具備較高的能力，**即使經驗值較少，也能迅速提升技能。如果僱用這樣的人，對公司來說必定會成為寶貴的戰力**。

再次強調，技能是指透過經驗而獲得，並具備重現的特徵，無論到哪裡都能加以發揮。至於經驗，到頭來不過是一個人所做過的事，不具有再現性。若說能力是將經驗轉化為技能的力量，那麼技能的再現性，就是由能力支撐。

人們經常提到的 **PDCA 循環，包含計畫（Plan）、執行（Do）、查核與評價（Check）、對策與改善（Action）。只要這四個步驟能在一個人身上確實運行，就容易重現成功的結果。**

關鍵在於自主思考、採取行動，並理解結果會變得如何。就算事情進行得不順利，也能往前回顧，思考自己該怎麼做，再進一步付諸實行。

回到前面提過的面試案例，假設我問求職者：「和其他九十個人相比，你有什麼不同？」他回答：「因為我選擇A方法，所以取得了成果。」接著，我會再進一步問他：「為什麼不是選擇B或C，而是A方法？」

經常反覆執行PDCA循環的人，因為非常清楚自己為何能取得成果，且能再次重現這樣的成果，所以有辦法明確的說明B或C方法為何不管用，而A方法比較好的理由。

相反的，沒有執行PDCA循環的人，往往只能用「我也不知道，感覺就是如此」來敷衍了事，不但無法回答這個問題，當他們面對不同的情況或環境時，應該也無法做出正確的判斷。

因此，藉由嘗試更具體的分析自己，究竟可透過什麼經驗來獲得怎麼樣的技能，就能理解自己擁有哪些能力。

確知能力傾向的三大類型

每個人擁有的能力和程度各不相同，雖然這受到個人特點的影響，但依據能力的不同，自己擅長的技能也有所差異。

例如，在人際溝通方面具備優秀能力的人，即使是和他人從事相同的銷售工作，也更容易學會側重於與人建立關係的技巧，並充分發揮優勢；擅長透過抽象化、具體化的方式來進行邏輯思考，並進一步建構策略的人，或許更適合將銷售流程結構化，準確的辨識出關鍵何在，再以策略性的方式和競爭對手一決勝負。

以前者來說，保險業務員可能擅長與人接觸、溝通，同時銷售的工作模式；對後者而言，這樣的工作就比較困難，可能更適合銷售其他類型的產品。

即使A先生、B先生同樣都被認為銷售技能高超，他們的技能基礎也可能截然不同。也許A先生擅長與人溝通協調，B先生卻幾乎沒有這方面的優勢，反而善於以邏輯思考來克服問題，解決問題的能力極強。

兩人即使擁有相同的經驗，他們可掌握的技能也會因各自的能力而有差異。能否發揮這份優勢，應該要從本章開頭提到的做法，也就是工作場所互相加乘的方程式來思考和判斷。

人類具備各式各樣的能力，我認為**可大致分為三大類：人際互動能力**、**自我管理能力**、**問題解決能力**。如果試著進一步細分，將可想到的全都列舉出來，可分類成五十項的具體能力。

如前所述，每個人具備的能力、程度都不盡相同。以我來說，當我嘗試自我分析後，才發現自己在人際互動能力、自我管理能力、問題解決能力這三大項目當中，具備的人際互動能力似乎相當少。

相對的，我覺得自己的能力是由自我管理能力和問題解決能力建構而成。

實際上，我不擅長做須和他人直接溝通的工作，而是更擅長制定策略，在具體化和抽象化之間深度思考。

有人同時具備人際互動能力、自我管理能力、問題解決能力，比例分配得十分平衡；也有人在單一能力的表現特別突出，擅長的部分各有差異。這樣的能力平衡或傾向，往往和一個人的性格，也就是特質密切相關，這也是優勢的最後一個要素。

請你一邊參考以下三大類能力清單，一邊思考自己具備怎麼樣的能力。此時須留意的是，避免只依賴直覺、模糊的觀察自己，說「我好像擁有這個能力」、「我應該很符合這個能力」。**不只是自我評估，也應該納入他人的評價**，更加客觀的思考。

我前面提過，自我認知和他人認知之間存在著差距。我們往往過度美化自己，或對自己過度謙遜，被固有觀念綑綁。正因如此，你必須確實分析他人的意見，修正自我認知的偏差（以下清單由作者根據解決職涯煩惱的服務「Meet Career」資料編寫製成）。

人際互動能力

・傾聽力：能專注傾聽對方說話，並確實聽懂。
・包容力：能不否定與自己相左的意見，並予以接受。
・主張力：無論對任何人，都能以堅定的態度傳達意見／在不讓對方感覺不愉快的前提下傳達意見／坦率的把自己的不懂之處說出來。
・交涉力：當他人和自己意見相左時，能建立雙方的妥協點。
・說服力：能透過溝通讓對方接受／理解對方的疑慮，並使其信服。
・說明力：能將事物簡單明瞭的說明。
・提問力：能引導他人說出真心話或煩惱／將自身現況正確的化為語言表達出來，並有效的傳遞給對方。
・統御力：能指出應前進的方向，並帶領身邊的人往前走／帶頭鼓勵、整合團隊。
・帶動力：進行任務時，能有效的帶動身邊的人加入，並持續往前邁進／巧妙的委託身邊的人，與多位成員彼此合作、推進工作。

- 引導力：能順暢討論／在討論的場合中，引導參與者表達意見、活化議題討論，並促進達成共識。
- 支援力：能協助團隊或其他成員／為了身邊的人的成長而積極行動。
- 共情力：能讀取、理解（或嘗試理解）對方的感受。
- 協調力：面對相同的目標時，能和其他成員協力合作／重視氣氛和諧，在團隊中推進工作／依循團隊方針，與成員合作、採取行動。
- 人際關係構築力：即使是初次見面，也能迅速破冰、建立信賴關係。

自我管理能力

- 決斷力：迅速做決策／設置屬於自己的標準來蒐集資訊，並做出讓自己滿意的決策。
- 模糊力：面對模糊、不明確的情況，能全盤接受／根據實際情況加以判斷。
- 靈活應對力：不拘泥於過往做法，根據現況臨機應變。

• 冒險力：不畏風險、勇於挑戰高難度事物／不怕變化，勇於面對嶄新的領域。
• 紀律力：根據規則、秩序，井然有序的推動工作進度／遵守自己決定好的規則、習慣，並付諸執行。
• 主動力：掌握身邊人們的需求，主動率先採取行動。
• 持續力：能持續執行策略、工作／在做出成果之前持續執行。
• 忍耐力：忍受自己面臨的問題和困難／即使面對困難，也堅持不懈，盡可能做該做的事。
• 吸收力：為了自身成長，能坦然接受建議／迅速理解、掌握事物。
• 謹慎力：能小心謹慎的推動工作進度／在著手執行之前，考慮各種可能性。
• 抗壓力：即使遭遇困難的狀況或巨大的壓力，依然能東山再起、迅速恢復。
• 動機控制力：無論處於何種情況，都能不受影響並取得成果。

問題解決能力

- 試行力：在缺乏足夠資訊以做決策的情況下，能果斷的嘗試採取必要行動／為了避免損失機會，嘗試所有可能性。
- 變革力：不受舊有習慣或固有觀念的束縛，致力於讓事物朝更好的方向改變。
- 機動力：能根據情況靈活應變、迅速採取行動／對事情迅速採取行動。
- 否定力：能不受周圍意見影響，經過獨立思考再做決策。
- 發想力：能提出嶄新的方案，讓自己的觀點被認同／不受既有做法限制，獨立思考／進行創新發想。
- 計劃力：為了實現目標，能制定縝密計劃／從目標回推、規畫出路徑。
- 推進力：能朝向目標持續推進工作／馬不停蹄、持續往前邁進。
- 業務遵循力：能小心謹慎、沉著冷靜，確實而仔細的逐步推進事物。
- 俯瞰力：能全面的觀察事物、局勢、思維。
- 順應力：即使面對陌生的環境或課題，也能靈活接受、積極應對。

- 分析力：分析、理解自己所處的現狀、事物的因果關係，以及其運作機制。
- 任務管理力：正確的估算所需時間，並在此基礎上設定工作優先順序／進一步拆解應該做的事，並依照重要性、緊急性來排列工作優先順序。
- 正向思維力：無論面對何種情況，都能找到積極的一面，並正向的處理事務。
- 預見力：能預先考慮事物，並在事前整合必要資訊和準備工作。
- 思考力：包括論點思考（議題思考）、邏輯思考力、水平思考力、批判思考、抽象思考、類比思維等。
- 本質理解力：能不只看表面的信息，而是思考事物本質／經常思考「為什麼會出現這個問題？」、「真正必要的解決策略是什麼？」、「追根究柢，是為了什麼而存在？」這類問題。
- 課題解決力：能適切的設定問題，並且為了解決問題而採取行動。
- 目標設定力：正確的判斷現狀，並設定適合的目標。

- 業務改善力：運用ＰＤＣＡ循環。
- 堅持力：不偏離目的，專注堅持到最後。
- 資訊蒐集力：能運用各種手段來蒐集必要資訊。
- 資訊整理力：能分類蒐集來的資訊／將蒐集的資訊整理好，以幫助他人容易做出判斷。
- 風險管理力：預測風險，考量風險原因的防範措施，並防患於未然。
- 問題應對力：當問題發生時，可將影響範圍降到最低，並恢復原狀。

舉例來說，如果你曾被別人稱讚，或讓別人感到驚訝，或許可以從中挖掘出自己擁有的能力特徵。**即使對自己來說沒什麼困難，但只要別人覺得困難，那就是你的優勢**，你可以從這個角度來了解自己的能力。

在本章的最後，我會分享一種用來理解自身優勢的矩陣思考法，這也有助於進一步了解自己的能力，建議你參考看看。

能力的基礎：特質

當然，能力因個人特質而有所不同，但我認為也可以透過努力來進一步提升。然而，如果沒清楚掌握自己具備怎麼樣的能力，可能就會不知道該提升什麼。

有時候，我們會受到「自己的特質就是這樣」的成見影響，不自覺的把能力想得太狹隘。在下一節，我會詳細解說支撐技能的能力，以及堪稱能力基礎的特質。特質就是一個人與生俱來的性質，因此很難改變。所以，我們才會輕易的說出「我的特質就是這樣」的斷言。

每個人特質都不同，也有些事是自己怎麼也做不到。正因如此，我們反而會傾向於依賴特質來決定自身的優勢。

舉例來說，有人會這麼判斷自己：「我不擅長和初次見面的人打好關係、敞開心胸交談，所以不適合從事銷售工作。」然而，業務會用到的技能五花八門，也有各式各樣的能力可用於掌握這些技能。

人們一旦完全忽略這些細節，就會直接跳到結論，**往往不自覺的產生「我喜歡讓人開心，所以我適合服務業」、「我不喜歡被束縛，所以很適合創業」這種想法，輕易陷入簡化的判斷裡**。

說到底，我們的優勢是由技能、能力、特質這三者共同作用而成，這是我想再次強調的論點。

確實理解了這個論點後，我們再繼續探討能力的基礎：特質。

4 從個人特質找工作

討論完技能和能力後，在這一個章節我想探討優勢的第三個要素——特質。**特質可定義為不需要努力就能做到的事，也就是個人天生就具備的特徵、傾向等性質。**

以我為例，我有一個特質是「難以理解他人的情緒」。我不太清楚周遭人們會因為我的發言，產生什麼樣的反應。所以，在面對面的場合管理時，有人可能會認為我的表達方式太過直接，因此經常導致許多事無法順利進行。三十歲後，我被診斷為自閉症類群障礙（Autism Spectrum Disorder，通稱自閉症），這也是我特質之一。

與人面對面交流時，我不管怎麼做都很容易被認為太過直接，反而是在遠距工作時，帶給其他人的壓力變得不那麼明顯，所以遠距工作更適合我的特質。

個人的好惡，也經常受到特質的影響。例如，有人說「我比較喜歡公司的辦公桌整理得乾乾淨淨，這樣更方便工作」；相反的，也會有人說「桌面雜亂無章，做起事來才比較順手」，或「就算桌面亂七八糟，我也不是特別在意」，各種想法都有。

另外，有人會說「我討厭被主管逐一下指導棋」，也有人正好相反，認為「我希望主管明確的給我指示」。

這些差異，或許就是個人特質差異的展現。

有人對於風險沒什麼感受，風險容忍度比一般人較高；有人是混亂耐受性強、抗壓性高、不覺得認分做事很辛苦；也有人任何事都喜歡短時間一氣呵成完成，這些特質實在是多不勝數。

所謂的特質，可說是世界上有多少人，就有多少種。而這樣的特質，和技能、能力同樣屬於優勢的一環。

避免簡化思考過程

就像前面所說，如果將經驗轉化為技能的能力視為能力，那麼**支撐這項能力的基礎就是特質**。

舉個例子來說，假設某個人在人際互動能力中展現出色的傾聽力，也就是能專注傾聽對方話語，並確實聽懂。這樣的人或許本身就喜歡聽別人說話，不覺得傾聽是一件苦差事。所以，正因為他喜歡聽別人說話，才使得他的傾聽力提升。

當然，雖然我這麼說，但不代表和原生特質不同的能力就無法培養。我認為，有人因為擁有某些特質，於是自然也具備了特定的能力，也有人是經過訓練才習得特定的能力。

有人的特質，是不覺得逐一邏輯推理、再進行思考有什麼困難，所以在問題解決能力中，他們自然就展現出優異的思考力、分析力等。相反的，他們也有可能是在經驗中反覆練習，持續進行邏輯思考、將事物結構化之後再思考，於是讓這類能力發展。有時候我們也會因應環境的要求，結果就具備了那些能力。

即使在外人看來，能力同樣是逐步累積而來，某些人就是天生容易擁有，也有人是透過日常的習慣、努力、環境，後天才養成。因此，儘管自己的特質已經確定，也不代表某些特定能力絕對無法提升。如前所述，**應避免簡化思考過程，就像「我喜歡與人接觸，所以適合服務業」，這種跳過好幾個階段的思考流程所做出的偏見**，完全只依據特質來斷定自身的優勢。

當然，能力會因為特質而表現出某種傾向，這無可避免。因為這是一個人的個性。至於該如何利用這項個性，我認為取決於個人。所以，這和工作場所、其他優勢的要素一樣，若沒有進一步理解，將「自己的特質究竟為何」確實具體的化為文字，就會不知道該怎麼活用。

到頭來，人們搞不好會把特質和能力或技能混淆。特質有別於能力、技能，特徵非常明顯，我們必須根據不同的場合，一輩子與之共處。與其強行矯正特質，不如學會和它好好的相處，我認為這才更合理。

將面試提問套用在自己身上

那麼，究竟**該如何深入理解自己的特質？**關於這個問題，我在**面試現場提出的問題**，或許可以給你一點啟發。

例如，在面試轉職者時，我會根據他過往的經驗來設計問題，藉以了解他具備什麼技能或能力；但在應屆畢業生的面試場合上，因為對方要開始累積社會人士的職場經驗，所以技能、能力都可以持續養成。

為了確知他的成長性，我會特別留心設計問題，以判斷他用以支撐能力的特質。為了達到這個目的，我無論如何都必須提出一些問題，探究關乎他們人格的深層部分。

舉個例子，假設有求職者在大學期間勤奮的讀書，取得了難度較高的證照。乍看之下，讓我了解他具備持續完成任務、堅持到底的能力，但我還是會進一步詢問：「我想一般人可能早就放棄了，為什麼你能堅持到這個地步？」、「是什麼成為你的原動力？」、「當你選擇努力到最後一刻，心裡有什麼樣的感受？」

反覆提出這類問題，就可判斷這項能力究竟是他日常努力養成，還是源自於他與生俱來的自身特質。因為特質無論如何都很難改變，所以如果這份堅持到底的力量源自於他的特質，我就可以了解：「原來他是那種不達到目的，就不會善罷甘休的人。」或「原來他沒辦法接受自己做不到。」如果這就是他的特質，我也許可以這麼判斷：「即使他待在有嚴格主管的部門，搞不好還是能努力工作。」

或者，我也會問他：「在目前為止的人生中，認為自己做過最壞的事是什麼？認為別人對自己做過最壞的事是什麼？」請求職者嘗試舉幾個例子。聽到他的答案後，我會了解原來他認為自己遭到的對待和對別人造成的傷害之間，可能存在意想不到的差異。

舉例來說，有人會提到自己被嚴厲對待的經歷，但反過來說到自己做過的壞事，居然是聽起來沒什麼大不了的事。這樣的人一定是內疚感強烈，屬於道德標準很高的類型。

嘗試將這樣的面試提問套用在自己身上，可幫助你看見內心深處那些難以撼動、根深柢固的核心部分。我認為這就是特質。

再次重申，特質不同於技能或能力，指的是難以藉由努力改變的個人性格。有時候，正是因為這些特質，才會讓一個人無法融入特定職場的氛圍，或和主管、同事、客戶的個性不合。

儘管我們有時可靠能力或技能來彌補，但有時難以奏效也很正常。**正因為特質無法輕易改變，所以我們才要選擇符合自己特質的工作場所、人群，**而這也是本書追求的職涯契合理念。

5 自我分析矩陣，導出優勢

到目前為止，本書從技能、能力、特質這三個要素來思考優勢。和工作場所的狀況相同，藉由更具體的分析自身優勢，就能了解優勢當中有怎麼樣的傾向。

在本章裡，我提供了一些自己在人才僱用的面試場合中提出的問題範例，作為用以確知技能、能力、特質的參考，不過究竟該如何尋找自身優勢，我想還是有人不知道要從哪裡著手。

為了讓各位能獨自操作，我試著思考幾個有助於確知自身優勢傾向的項目。請你對自己提問這裡列出的問題，再將具體的答案記錄在筆記本或記事本中。

從這一步開始，再次將這些答案加以歸類，我相信你就可以更全面的理解自身優勢。

另外再次強調，優勢必須和工作場所相互加乘才有意義。**人若是僅依賴自己的判斷，就很容易陷入錯誤的偏見。在了解自己的優勢時，你必須將他人的評價也確實納入考量，作為判斷的依據。**

自我分析矩陣

在這個過程中，只要使用四象限矩陣圖（自我分析矩陣），就能清晰的整理出自我評價和他人評價（見第一四四頁圖表）。

請將自己看見的優勢（擅長的事）和弱項（不擅長的事）設定為橫軸（x軸），再將他人看見的優勢和弱項設為縱軸（y軸），接著整理出自己的優勢和弱項。

在這個情況下，我們會判斷出矩陣的右上角是自己、他人都認為擅長的地方。因為這是雙方都認可的區域，所以可以推斷為自身優勢。相對的，對角線上的左下角則可以判斷為自己、他人都認為不擅長的地方，所以可說是自己的弱項。

確知自身優勢的問題

・你認為自己擅長的任務是什麼？
・曾經有同事或主管對你說：「你很擅長這個吧？」的任務是什麼？
・是否有身邊的人感到困擾、不擅長的任務，但你做起來卻毫不費力？那是怎麼樣的任務？
・你是否曾看著他人費力做某個工作時，認為：「這麼簡單的事為什麼做不到？」那是什麼事？
・是否有對你來說沒什麼大不了，卻總是被別人稱讚的事？當時是怎麼樣的狀況？
・是否有明明你認為不擅長，別人卻不這麼想的任務？那是什麼任務？
・是否有你認為自己不擅長，他人也曾對你說過：「你應該不擅長吧？」

的任務？那是什麼任務？

・是否有你認為自己擅長，他人也認為你擅長的任務？那是什麼任務？

・是否有你認為自己擅長，他人卻不這麼想的任務？那是什麼任務？

・在過去做過的工作或任務中，讓你不須太過努力就能輕鬆完成的是什麼事？

・什麼類型的任務或工作，你即使長時間執行也不覺得辛苦？

・相反的，是否有即使你知道很簡單，卻難以著手執行的任務？那是什麼任務？

・是否有無論被誰問起，你都能回答該怎麼做的任務？那是什麼任務？

第一四四頁圖表右下角代表的是你認為自己擅長，但周圍的人不認為你擅長的事物。在這種情況下，可能是你的自我認知出現了錯誤，或因為所在環境不佳，讓你無法充分發揮實力。

和右下角相反，左上角代表你自己認為不擅長，但別人認為你很擅長的事物。其實，這可能就是你真正的「優勢」。儘管你自己覺得並不擅長，充其量只是一般水準，真要說可能還嫌做得不太好，但周圍的人卻認為你在這方面表現得相當出色。

換言之，**你能迅速處理好這些任務，他人也會給予極高的評價。所以如果將這項優勢當作工作來發揮，對你來說就是無須勉強就能做好的適職。**

弱點只占整體的四分之一

參照四象限矩陣圖來思考，你會發現即使是弱項，其實只占了整體的四分之一。在這四個象限中，有三個可能是你的強項，而且在某種程度上，還都達到了及格的水平。

舉例來說，即使溝通能力不足是自己的弱項，我認為你還是可以用剩下四分之三的優勢來加以彌補。因此，與其花費過多精力改善弱項，思考該如何發揮優勢不僅會更有效率，也更容易取得成果。

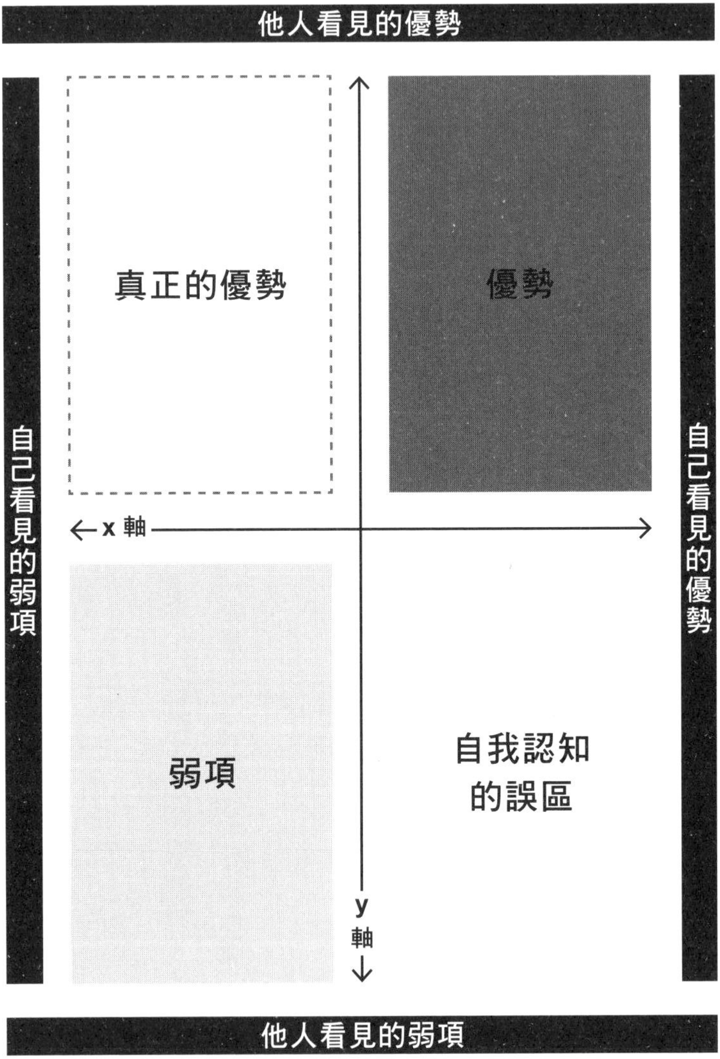
他人看見的優勢
真正的優勢
優勢
自己看見的弱項
自己看見的優勢
x 軸
y 軸
弱項
自我認知
的誤區
他人看見的弱項

聽到我建議最好捨棄自己的弱項，或許有很多人會感到猶豫，懷疑這樣做是否真的可行，但容我再次強調，正如你在四象限矩陣圖裡看到的那樣，**弱項的占比不過是整體的四分之一而已**。只要你使用四象限矩陣，確實將優勢視覺化呈現，就能了解即使拋棄弱項，也並非十個當中的八個那麼多。

6 哪個領域你的競爭者比較少？

接下來，我想使用優勢×場所方程式，談談我如何做出職涯的選擇，以及當時我在思考些什麼，並作為實際案例與你分享。

前面已經提過，我第一次以公司職員的身分工作是在瑞可利HR行銷公司，工作內容是打工求職網站「TOWNWORK」或「FromA」的廣告銷售業務，但實際上我是在確定入職後，才知道要做這些工作。

入職前我還是個打工族，對此隱約感到不安，心想：「一直這樣下去似乎不行。」

就在這時候，我在便利商店翻閱雜誌，看到了一則徵人廣告，上面寫著：「限定三年的約聘員工，三年工作結束後，公司將支付兩百萬日圓。」當時，我還不太了解正式員工和約聘員工的差異，只覺得「三年後可以賺到兩百萬日圓，也太幸運了」，於是買下這本雜誌，並立即應徵這份工作。還來不及反應過來，我就被錄取了，接著開始了這份工作。

換句話說，一直到這個時候，我仍完全沒有用到優勢×場所的方程式。

擅長電話銷售、重複做同樣的事

結果我開始工作沒多久，與其說發現了自己的優勢，不如說我找到了一項「搞不好我還滿擅長」的業務，那就是電話行銷。

新人的工作就是要開發新客戶，所以我從早到晚都在和名單上的客戶進行電話銷售，以獲得商談的預約。當時所有同組未滿一年的同事，都在電話銷售上苦苦掙扎。大家都很難獲得面談預約，並煩惱「要是被客戶拒絕了怎麼辦」，有時連播打電話也難以做到。

然而，因為我有過電話行銷的兼職經驗，早就習慣被客戶拒絕，突然要打電話給素昧平生的人，我也不排斥。結果，我就這樣不怎麼費力，就獲得了相對較多的商談預約。

在那之前，我一直都不認為自己擅長電話行銷，但這個經驗讓我第一次意識到：「搞不好我很擅長電話行銷。」

隨著工作持續進行，我又發現了一個「搞不好自己很擅長？」的領域，那就是正確的重複做相同的事。

熟悉了業務工作後，大家會各自開始思考原創的銷售話術來商談。另一方面，也有許多人不再進行一開始執行的基本聆聽和交流。不少員工因為每天都得跟好幾位客戶商談，還要做打工求職網站的廣告欄位提案，於是開始感到厭膩而忽略了基礎功。

不過對我來說，做這些重複的工作並不痛苦。即使工作變得熟悉，我依然能像入職初期一樣，每次都仔細的聆聽基本內容，並溫柔而清晰的向客戶反覆解釋提案內容。此外，對於新人階段「一天打〇通電話行銷」的目標，我也能每天持續不間斷的完成。

結果，我的銷售業績一直維持在達標狀態，甚至還獲得了「最有價值業務員」的頭銜。坦白說，我因為只是重複基本功就展現了成果，所以當時覺得很不可思議，心裡還覺得：「為什麼大家都做不到？」

實際上，能不厭其煩的重複做相同的事，甚至還感覺很安心的能力，正是來自於個人特質。

我被診斷為自閉症類群障礙，其特徵之一就是喜歡例行公事。因此，每天反覆做相同的工作對我來說非但不痛苦，反而還感覺很輕鬆。就是這個特質，才讓我在銷售工作中持續取得成果。

在瑞可利HR行銷公司工作期間，我意識到自己的優勢是電話行銷，以及能正確反覆的做相同的事。這兩項優勢，都是我觀察到自己不覺得特別辛苦的事。當我意識到我只是稀鬆平常的執行工作，不曉得為什麼身邊的人都感到很吃力，才有了這樣的自覺。

具體來說，我能意識到作為一名業務該做什麼，又該達到怎麼樣的工作量以拿出成績，或許這也算是我的一項優勢。

快速做到七十分

在瑞可利HR行銷公司的員工生活讓我頗有成就感。後來，某天我遇到了一本書，那就是日本網路公司CyberAgent的創辦人藤田晋所寫的《在澀谷工作的社長告白》。

這本書裡詳細描述了CyberAgent草創時期的混亂情況，讀完後我產生了一個想法：「好想在草創時期的新創企業裡工作看看。」不過，當時我並沒有轉職的動機或契機，所以這個念頭一直藏在心底。

然而，後來雷曼兄弟金融風暴來臨。負責徵才廣告的我，親眼目睹許多公司停止招募。如果記憶正確，當年的求才數量比前一年縮減了七〇%之多。

就在這個時機，我認為「如果要轉職，現在正是時候」。原因有兩個。第一，在這個市場上許多公司都停止徵才的時間點，還能在草創期積極招募員工的企業，應該不受到景氣影響、能持續增長。第二，許多人在這個時間點都選擇暫時不轉職，只要我現在採取行動，就能找到未來有潛力的新創公司，其他與我競爭的求職者也不會太多，所以我認為這是一個機會。

不過，我也不是所有草創期的新創公司都可以接受。在收到幾家新創公司的錄取通知後，我開始思考：最能讓我有所發揮的職場究竟在哪裡？

當時的我認為，選擇能發揮自身優勢，同時又能挑戰新領域的企業比較好。草創時期的新創公司、ＩＴ行業對我來說都是全新的體驗。另一方面，我擁有人力資源業界的背景，也很了解身為業務該如何拿出成績。

於是，我選擇了 Livesense，一間營運人力資源新服務的ＩＴ企業，該公司當時還沒有專職的業務人員。

如果是在這間公司，我一到職就能在銷售領域展現優勢，成為公司的頂尖員工。而且，因為 Livesense 提供人力資源服務，這是我曾待過的領域，所以我也非常熟悉客戶的需求。我認為只要在這家公司工作，就能在到職後立即展現一定程度的成果。

一切都如我所料。才剛到職不久，我就被全權委任負責 Livesense 的銷售活動，隨後逐漸開始執行原本沒有接觸過的領域，包含市場行銷、擔任產品經理、優化搜索引擎、建立內部銷售，以及業務企劃等工作。

同時，我還在 Livesense 發現了自己的另一項優勢，**那就是即使是第一次接觸的工作，我也能很快的達到七十分的水準**。對於身邊的人來說，只要負責的領域改變，往往都需要辛苦一段時間才能掌握要領，但我發現自己卻能在經歷過的工作、第一次做的工作之間發現共通點，以此為線索來輕鬆掌握祕訣，同時大致理解重點，所以能不那麼辛苦就完成工作。

在一家員工數少、處於成長階段的新創公司，即使有新的工作出現，也總要有個人去做；相反的，正是因為身在這樣的環境中，我才得以迅速接觸從未經歷的業務，最終發現自己的優勢所在。

三個月內升上部門經理

我之後任職的下一家公司是 DeNA。實際上，這個選擇並沒有考慮優勢×場所的方程式，對我來說很難得。

當時，社群網路遊戲正大行其道，市場迅速崛起。隨之而來的發展，就是以 DeNA 為首的社群網路遊戲公司開始徵才，來自各領域業界的優秀人才紛紛進入了公司。不知為何，我心生一念：「好想試試看，我能不能在日本頂尖人才雲集的公司裡一展自身優勢？」

過去，我明明一直都在拚命的探尋能讓自身優勢發揮的工作場所，這次卻有所不同。即使到了現在，我依然無法明確的表達那時為什麼會這樣做，但有時就是如此。

總而言之，我順利拿到了 DeNA 的錄取通知，且有幾個可以挑選的部門候選。在這些選項當中，我選擇的是電子商務事業部的新客戶開發銷售負責人員。

當時，DeNA 的社群網路遊戲業務正以驚人的氣勢成長，電子商務絕對不是公司的核心業務。儘管如此，我之所以還是選擇了這個部門，是因為我確信和其他部門相比，這裡能最大化自己的優勢×場所。

當時我的優勢包括電話行銷、理解自己如何在銷售領域取得成果、持之以恆的執行力，以及即使面對初次接觸的工作，也能迅速達到七十分的水準。而在DeNA公司內部，最能發揮我這些優勢的職位，就是電子商務事業部的新客戶開發銷售負責人員。

由於電子商務的客戶遍布全國，因此銷售工作主要以電話進行。此外，每個月的新客戶數量就是業績目標，所以展現成果需要的時間很短。

就算我是第一次做電子商務事業，每天持續打電話銷售的模式，對我而言也不需要花太多時間就能掌握要領，所以我覺得，這就是到職之後最快可以取得成果的部門。

在DeNA，只要被認為表現優秀，無論到職的年資長短，都能迅速升遷或調職。因此，我認為只要快速的取得成果，在公司內部就必定可以更順利的工作。

結果，我在**到職後的三個月內達到所有的業績目標**，**並且立刻晉升為部門經理**。我想這無疑是一個顯而易見的案例，只要選擇讓優勢得以發揮的職場，就能成功。

之後，我開始**自行創業，創立名為「Caster」的新創遠距公司並擔任董事**，但始終意識到優勢×場所的重要性。尤其以我的狀況來說，工作場所的重要性一直都是我強烈關注的焦點。

儘管我之前寫出了好幾個自己的優勢，但**我認為有成千上萬的人都比我擅長，也能比我做得更好。然而，人們的優勢在本質上是相對的。**

我前面也舉例，一個在顧問公司熟稔 Excel、PowerPoint 軟體技能的人，即使能力水準一般，只要到另一家公司任職，就會被視為神一般的存在。就像這樣，一個人的價值與評價，完全是和身邊的人比較而決定。

正因如此，選擇一個最能讓自身優勢脫穎而出的工作環境，就能成為備受依賴的存在。

不過，我所說的場所定義相當廣泛，事業中的市場、市場定位也都屬於場所。以 Caster 的例子來說，遠距工作模式也是一種。

之所以會這麼說，是因為我創業時，還沒有其他公司以遠距工作模式經營。換言之，這個領域**完全沒有競爭對手**。只要身處於這樣的環境，我不僅能主動擔任規則制定者，更進一步來說，我還可以始終保持領先地位。

即使未來有其他公司進入市場，這些新加入者也將根據我制定的規則來展開新業務，因此我作為先行者的優勢並不會改變。

就像這樣，無論在創建事業或營運公司，我始終意識到優勢×場所相互結合的重要性。

以結果而論，**如今人們會說：「您就是開拓了遠距工作市場，在Caster擔任董事的石倉先生。」多虧有這句話，讓我被認為是一個能為社會創造新市場的人。**

我認為這背後的關鍵原因，在於自己選擇了與眾不同的做法，在執行業務時尋找還沒有任何人的領域，並以此和競爭對手一決勝負。

第四章

職涯發展七大謬誤

1
別輕信其他人的話

本書前面探討了職涯契合的思維模式，以及優勢×場所方程式。在可發揮自身優勢的工作場所取得成果，我們就能輕鬆的走上適合自己的職涯之路。從與其堅持天職，不如選擇適職的理念出發，我分享了我的見解，希望能為對職涯感到不安、深深覺得困惑的人帶來幫助。

重新試著思考「職涯」這個詞彙，雖然在前面章節中提過多次，但我認為社會上普遍所說的職涯，往往是在故意使人們感到焦慮，定義也使用了許多模糊不清的說法。

我感覺在當今這個時代，似乎有許多人都被「必須職涯升遷、必須提升技能」這類標語煽動，雖然他們都試圖不顧一切的努力，煩惱卻沒能因此而消散。

在此，我希望藉由回顧本書前面的內容，探討在思考職涯時應該注意的各種陷阱，一共有以下七個：

- 認為職涯要向上發展。
- 對於提升技能有利於職涯發展的誤解。
- 獵才顧問、求職網站的陷阱。
- 對轉職過度期待。
- 深信自己是無用之人。
- 倖存者偏差（Survivorship Bias）。
- 對工作本身的幻想。

請你一邊重新對照本書的整體內容，一邊思考這七個陷阱。別輕信世俗普遍的觀點，而是用自己的方式加以分析，嘗試驗證是否符合自己的實際情況。

如果用簡單的一句話總結本章內容，應該就是：「**別輕信這個世界人們**

所說的話！」

最近，我經常看到「接下來是個人時代，所以我們必須培養在任何環境中都通用的技能」這種陳腔濫調。有人會說：「因應全球化、資訊化、人工智慧的發展，使得傳統價值觀遭到衝擊，因此能自行創造嶄新價值的個人力量會變得非常重要。」這個說法聽來很有道理，但許多人都並未仔細驗證就輕易的相信，接著心想「糟糕，我得開始發展副業才行」、「我一定要考取證照」、「我必須學寫程式來提升技能」，結果就突然變得焦慮。

只要試著仔細思考，你應該會發現個人時代和任何環境中都通用的技能之間，在邏輯上其實完全無關。個人時代的定義究竟是什麼？接下來世界真的會走進個人時代嗎？這種說法本身是否正確，我們也不是那麼清楚。

儘管如此，人們還是受到這種言論影響，認為一定要提升技能，而採取行動後卻發現職涯並未改變，反而只是變得更加不安。為了不陷入這種焦慮，你唯一的解方是確認關於職涯的各種說法，並一個個驗證。

2　不升遷就完蛋？

那麼，我希望你再次強力反思的觀點是：「每當提到職涯，我們總會忍不住以向上發展為前提來思考。」

正如第一章所述，職涯升遷究竟是指怎麼樣的狀態？我們感覺上似乎明白，其實心裡卻仍感到模糊。究竟要變得如何才算是職涯升遷？也許我們都在沒有明確定義的情況下，就陷入了職涯必須向上發展的迷思裡。

過去，人們或許會單純的將此稱為職涯升遷：從四年制大學畢業，進入一家社會地位高的大企業，領著比其他人更高的薪資，然後在公司裡出人頭地、持續升官。那是個許多人都在追求某種標準化人生路徑的時代，但這樣的人生真的幸福嗎？現在我們已經搞不清楚了。

假使我也只追求這樣標準化的職涯升遷，一直留在 DeNA 這家公司應該會是更好的選擇。我在DeNA是先從業務人員開始，接著擔任業務主管、新創事業負責人、人事負責人，最後成了部門經理。當時我身為上市公司的部門經理，只要再工作一小段時間，搞不好就可以晉升為子公司的社長，或總公司的執行董事了。畢竟公司麾下擁有職業棒球隊，這應該更適合世俗所謂的職涯升遷吧？

但逐漸的，公司員工的身分對我來說變得越來越不自由，我也渴望更多樣的工作方式。從自身特質來思考，我也感覺自己不適合以公司員工的身分工作。

隨後，我選擇自立門戶，擔任全遠端營運公司Caster的董事一職。現在，我在該公司成立的Alternative Work Lab擔任所長，專注於關於工作方式的調查、分析、研究。從二〇二四年二月起，我也擔任公益財團法人山田進太郎D&I財團的首席營運長，該財團致力於消弭STEM領域的性別差距。

不知道這算是職涯的升遷或下降，但這就是我不斷尋找自身優勢，以及可發揮自身優勢的環境的結果。

別被簡化的訊息左右

人們之所以相信職涯就該向上發展，背後應該隱含了對職涯的迷茫和焦慮。但會感到焦慮，或許也是因為對職涯並沒有深入的調查研究和思考。

在本書中，我以優勢×場所為基礎，盡可能的將職涯的概念說得容易理解。儘管如此，職涯仍是一個由多種因素、要件所構成的複雜體系。

試著以優勢與工作場所的觀點來分析、思考職涯，或更進一步拆解優勢，從技能、能力、特質來思考，我們才能真正理解它的結構，但這很難單憑一己之力做到。因為我們不夠清楚它的內涵，才會依賴像「職涯升遷」這種粗糙簡化的詞彙，結果就處於不得不相信的狀況中。

此外，就像之後我會談到的，職涯方面的言論往往都偏重於少數成功者的聲音，帶有倖存者偏差的強烈色彩。以結論而言，成功者確實表現得很出色，但他們真的很厲害嗎？**可能只是碰巧很幸運罷了，如果要重現成功經驗，恐怕會變成一場謊言。**

無法重現成功的經驗，意味著難以系統性的講述，**於是就會形成簡化的訊息。而簡化的訊息更容易傳遞出去**，所以世界上才會只流傳「職涯升遷」這個說法。

所以，我們的首要任務是避免盲目接受那種看似簡單易懂，實際上經過仔細思考之後，才發現根本含糊不清的詞彙。

還有，我認為你應該要從分析自我優勢、尋找可發揮優勢的工作場所開始，踏實的展開職涯規畫。就像這樣一步一步的持續思考，才能獲得啟發，幫助自己消弭焦慮。

3 考證照一定對職涯有幫助？

社會上還普遍存在著職涯必須往上提升的成見，隨之而來的是「技能提升信仰」，大家都認為只要掌握了技能，人生就會隨之改變。

在大多數的情況下，這種想法都只是極端的例子：「學會一項技能之後，藉此大獲成功，我就可以在這個世界上生存下去了。」這種說法根本就只是少數人的意見。

其實，會說這種話的人原本就擁有一定程度的優勢。

舉例來說，擁有好幾張資格證照的人，收入也未必會因此增加。當然，像律師那樣難度高、稀缺性強，在市場上具有高度價值的資格是另當別論。但如果只是取得了日商簿記二級、三級資格（譯註：「日商簿記」的正式名稱是「日商簿記検定試験」，是由日本商工會議主辦的會計和簿記能力検定考試，主要測試考生在會計、財務報表製作、成本計算、公司管理等方面的知識和技能，被認為是從事會計、財務等工作的基本能力認證），是否就能直接導向收入增加或職涯升遷？這可就很難說了。

當然，如果是大企業，有些公司規定只要取得證照就加薪三千日圓，或提供特別津貼，所以我們也不能一概而論，但如果你認為只要取得證照，就一定會獲得優厚待遇，那就大錯特錯了。

儘管如此，還是有非常多人因為考慮到自己的職涯，就決定先去把證照拿到手再說。

「只要取得證照，就一定會獲得優厚待遇」或「只要有了證照，就會變成自身優勢」的單純想法背後，或許就是隱藏著對職涯的焦慮。人們會被「再繼續這樣工作下去，我的薪水還會往上提升嗎？」、「跟周圍的人比起來，自己能獲得好評嗎？」這樣不安的情緒，或渴望自我實現、「想成為某個厲害角色」的焦慮所驅動，結果在連個明確目標都沒有的狀態下，就匆匆忙忙的跑去考證照。

從這樣的意義來解讀，某些這類資格證照的商業機構，或許有一部分利用了人們的自卑心理才發展而成。

4 轉職要在三十五歲前完成？

關於職涯的模糊言論，在人力資源業界、轉職業界也廣泛流傳著。就像我前面提到，「必須掌握技能才行」、「三十五歲是轉職的年限」這種被人們說得煞有介事的「行業常識」，其實多數情況往往是為了行業利益而修飾的話語。

我也曾在人力資源業界工作，所以深知其中的運作。「三十五歲是轉職的年限」這種陳腔濫調，基本上只是直接反應企業方的意見罷了。作為企業主，通常都希望招募年輕、可長期服務的人才，所以求職者若在三十五歲以上就很難通過審核，如此而已。

多數的獵才顧問、求職網站，只不過是各家企業的代理人。他們基本上只關注企業方要求的招募條件。至於是否會真心考慮你個人的職涯發展？我認為其實並不會。

應該有不少求職者去仲介機構面試時，聽到「以目前的情況來說，我們沒有工作可以介紹給您。您的技能完全不夠」、「相關經驗也不夠」、「考量到您的年齡，可能有些困難」等說法，最後信心全失的離開。

在多數情況下，你只會被仲介機構**以經驗、技能、年齡為理由，被介紹到與過去經歷相同職務的其他公司**。

獵才顧問站在企業方

基本上，獵才顧問的商業模式是：客戶轉職成功才算有成果，接著才有收益的產生。所以，作為仲介機構，他們當然會希望讓客戶走上容易轉職成功的道路。

至於容易轉職成功的道路則如前所述，就是讓客戶在不改變職務、行業的前提下，直接橫向跳槽到其他公司，是最簡單、也最輕鬆的做法。

舉例來說，假設你有三年的保險銷售經驗，也有相當程度的實戰成果，如果從A保險公司轉職到B保險公司，無論是書面履歷或面試都比較容易通過。對於徵才的企業方來說，擁有相同經驗的人不僅容易上手，也更有機會成為即戰力，所以我們就不難理解，為何這樣徵才的模式會越來越多。

正因為有這樣的職涯業界潛規則，當你向獵才顧問、求職網站諮詢時，往往容易進入職涯的橫向轉職路線，而不符合嚴格條件的人，則容易在一開始的階段就被淘汰。以獵才顧問的商業模式來說，如果轉職成功機率低，就有可能會被直接忽略。

換言之，只要冷靜思考一下他們的商業模式，你就會明白：**協助求職者跨行轉職或挑戰新領域，其實根本就沒有好處可言**。

即使轉職到其他公司，也僅是水平移動，原本你打算透過轉職來實現職涯升遷，後來卻跟在前公司工作的時候幾乎沒兩樣，這在一般的仲介商業模式是很常見的情況。

這麼做的結果，很可能導致求職者對職涯的困惑無法釋懷，又陷入反覆轉職的窘境。不過，這只是因為不適合這種商業模式而已。然而，一旦將自己完全交託給這些轉職機構，又會淪為職涯相對弱勢的族群。

遺憾的是，獵才顧問、求職網站並沒有提升個人技能的能力，也不會親自尋找可發揮求職者優勢的職場。他們只會像處理輸送帶上的產品一般，基本上只提供符合企業要求的硬性條件的案子。

因此，他們才會經常使用符合企業方的需求，諸如「轉職要在三十五歲之前完成」這類引發焦慮的語句，促使人們轉職。這完全就像是主事者自導自演，先製造出問題，再解決它一樣。

所以，光是委託獵才顧問、求職網站，你很難看見真正適合自己的職涯發展。

更進一步說，使用職涯機構之類的人力介紹服務而轉職的人，其實只占所有轉職者人數的五%左右。到頭來，轉職者還是最常透過 Hello Work（譯註：日本的公共職業安定所，類似臺灣的就業服務中心，主要為求職者提供職業介紹、工作諮詢、就業培訓等服務）和熟人介紹來找工作。前面提到的仲介機構的市占率，並沒有人們普遍認為的那麼多。

換言之，我認為許多求職者在委託轉職機構的時間點上，就搞錯了諮詢的對象。

5 只要換公司就會更順利？

「為了職涯升遷而考慮第一次轉職」，也是一種可能落入職涯陷阱的想法。我在本書談到工作場所時，建議公司內部調職更勝於轉職。因為調職所承擔的風險、成本都相對較低，許多人卻似乎希望透過轉職這個手段，迅速的解決自己工作不順利的焦慮。

對目前工作感到不滿、心中產生一團迷霧的人，可能會模糊的認為只要換個地方工作，就可以改善滿意度。他們的想法是：「如果滿意度的滿分是五分，目前職場的滿意度是兩分，那我只要換個地方工作，應該就可以提升到三至四分了。」

自身優勢是什麼？在怎麼樣的職場才能發揮自身優勢？如果跳過這些具體的問題，**只是懷著「總之只要改變環境，就一定可以更順利」、「只要轉職，**

我的生活就會徹底改變」的翻身願望，都是對轉職抱持了過度的期待。

有一個理論叫做「蜜月效應」，指的是就像剛開始交往的情侶或新婚夫婦一樣，當我們置身於新環境時，會短暫的表現出極高的好感和滿意度。但蜜月效應只會暫時存在，不會長久持續。只要過了一段時間，好感和滿意度就會逐漸下滑。

在轉職的情境中也是如此，我們剛換到新的職場工作後，確實馬上就會感到新鮮，對工作的滿意度也會提升。實際上，滿意度搞不好會提升到四分左右。然而，過不了半年，滿意度就又會回到原本的兩分。

因為轉職帶來的滿意度就像蜜月效應，只是一開始的新鮮感帶來的短暫感受罷了。假使每一次轉職都只是反覆享受蜜月效應，就算暫時解除對職涯的焦慮和不滿，根本的問題卻都懸而未解，迷茫的感覺就會一直留在心裡。

我認為，真正的問題還是自己對職涯的焦慮模糊不清，又未曾試圖加以解決。當問題不清晰，解決方法就會不明確。結果，就像是「只要透過轉職來改變環境，所有問題將迎刃而解」的想法一樣，人們都對轉職抱持著過度的期待。如此一來，就無法從根本解決問題。

追根究柢，自己的焦慮甚至都還沒有成為問題。就像本書前面所說，**我們應該先釐清自己對於職涯的焦慮從何而來，對於目前的環境又有怎麼樣的不滿，並將這些問題的答案明確的化為文字**。先把自己的焦慮、不滿用問題呈現，這是很重要的。接下來，讓我們再逐一分析，思考該如何具體的透過改變現況來解決問題。

轉職不等於進行轉職活動

此外，也有人因為對轉職寄予過高的期望，反而產生「不能失敗」的想法，導致遲遲不敢邁出轉職的那一步。

但如果對目前的工作或職場感到迷茫，我認為只要先採取行動就好。

即使接受面試，也不代表你必須轉職。你可以嘗試採取各種行動，但最後選擇留在現在的職場。換言之，「轉職」和「進行轉職活動」是不一樣的。

試著實際行動之後，你不僅會獲得與職涯相關的即時資訊，在面試中和不同的人交談，也有助於將你模糊的焦慮更加具體化，讓它變得清晰。在這個過程中，你可能會發現「這個職場真棒」或「這份工作似乎不太適合我」，心裡產生各式各樣的想法和體會。

近年來，我們很常看到「時間效益」（Time Performance）這個詞彙。因為人生的時間有限，所以我們必須重視時間效益，而有人可能會想：「搞不好最後不會換工作，為什麼還要進行轉職活動？這樣的時間效益太差了。」他們或許是因為沒時間被所有小事牽絆，所以會希望轉職一次就到位，但如果是為了這種想法而猶豫不絕、遲遲不採取行動，那可就本末倒置了。

與其花時間煩惱，不如先動起來，這也是非常重要的一步。

6 無須追求金字塔頂端

在談論職涯的話題中，我們經常會聽到「職涯升遷」這個詞彙，並且伴隨著「提升市場價值」這樣的句子。而為了提升市場價值，大家會致力於提升技能來強化自身優勢。「提升市場價值」這句話，也跟我前面提到的技能提升信仰相互影響。因此，我個人認為這和職涯升遷相同，某種程度上也是一種詛咒。

許多人之所以想提高市場價值，或許是因為他們認為這和收入增加直接相關。但仔細想想，收入的多寡並不完全等同於市場價值的高低。所謂收入的多寡，通常都是受到任職企業的薪資結構影響。

舉例來說，假設有一家公司希望招聘優秀的工程師，可提供的最高年薪約八百萬日圓。另一方面，如果是全球性的跨國企業，比如GAFA（譯註：

四大科技巨頭公司Google、Apple、Facebook、Amazon的縮寫，這些公司在科技產業中占有舉足輕重的地位，對全球經濟、數位文化、科技發展都產生深遠的影響）這個等級的公司，優秀的工程師可以拿到的年薪就會來到兩千萬日圓以上。

到頭來，收入還是取決於自己在哪裡工作，所以即使說一句「提升市場價值」，也不是一味的提升技能、和他人競爭就可以達成。

我在探討優勢時提到，優勢並不是絕對價值，而是相對價值，市場中的價值基本上也是相對的。

假設我們將全日本的業務人員都聚集起來，依照銷售力從冠軍開始往下排名，只要能進入前一百名就已經非常優秀。但如果第一百名的人進入一個聚集了第一名到第十名的公司，他的優勢在該公司就蕩然無存。不過，如果他是在聚集了第兩百至第三百名的公司，應該就可成為最優秀的業務人員。

即使想提升自己的優勢，每個人也都有極限。正如我在本書的前半一再強調，僅依靠優勢來決勝負的人，會盲目的用競爭社會的階級順序來衡量自己，卻忽略了自己要在哪裡戰鬥的重要性。因此，他們不斷的提升市場價值，最終可能只是讓自己陷入痛苦中。

換句話說，我認為與其找跟自己擁有相同優勢的人一較高下，不如尋覓一個能直接發揮自身優勢的職場，然後在那裡獲得好評、取得成果，應該會幸福得多。**不是強迫自己擊敗他人、再試圖爬上金字塔的頂端**，而是去旁人對你自認普通的才華感到有價值、願意欣賞的地方，相信這才會讓你的職涯變得更加豐富精彩。

7 把興趣當工作，是倖存者偏差

關於職涯，我們也經常聽到「把想做的事情變成工作」或「最好去做自己想做的事」這類建議。可是，真正靠想做的事成功的人恐怕是少數。儘管如此，這些少數成功者的聲音卻格外響亮，相反的，失敗者的故事很少被提及。在這個世界上，一定有很多做了想做的事，卻沒能順利發展的人。

在日本，小學生未來想從事的職業排行榜中，YouTuber 已連續四年位居第一，但實際上，可藉由 YouTube 賺錢的人卻寥寥可數。

看看現實數據，有收益、訂閱人數達一千人以上的 YouTuber 僅占全體的一五%，而能依靠這份收入養活自己的 YouTuber，可能僅占整體的前幾個百分點，甚至根本就不到此比例。

因此，「我是做了自己想做的事才成功」這句話，到頭來和倖存者偏差有關。成功者的聲音之所以格外響亮，其實是倖存者偏差在作祟。

如此這般，最後順利成功的人，其職涯未必適用於其他人。這也和其他關於職涯的說法一樣，雖然人們都說「做自己想做的事」，但具體應該如何執行？實際上卻語焉不詳，聽起來美好的空泛訊息，一直都在社會上廣為流傳著。

此外，「最好去做自己想做的事」這句話背後，應該還隱藏著人們對工作尋求成就感或存在意義這股風潮的偏誤。

8 工作的根本就是維持生計

在工作中尋求成就感、存在意義，以及試圖透過工作來自我實現的人，可能會有一種強迫觀念：認為自己要做的工作必須是天職。這種觀念其實帶有對工作的幻想，或許也像「最好去做自己想做的事」或「最好把想做的事情變成工作」這類說法一樣，隱藏著某種成功者偏誤，同時也是一種詛咒。

然而，真的只有工作是自我實現的唯一途徑嗎？為何只有工作必須被視為生存的意義？

相反的，這種觀念可能還會讓沒有想做的事、喜歡的事的人陷入困境。若是如此，就不需要勉強把想做的事、喜歡的事和工作相互結合。

所以，你應該更坦誠的面對自己的感受，這才是更重要的。我在第二章說過，釐清需求很重要，而想提高收入這點也是非常合理的需求。對於工作不要抱持奇怪的幻想，把它視為賺取生活費的手段也完全不是壞事，反而這才是工作最基本的理由。你最好別用成就感、存在意義這種詞彙來掩蓋這個理由。

許多人嘴上談論著成就感、存在意義，又為了工作痛苦而辭職，與其說這是缺乏成就感或存在意義，其實往往都是受困於人際關係。

所以，對於工作要追求什麼？你不該在心裡建立奇怪的禁忌，而是要更加坦率的面對自己的感受，這才是關鍵。坦率的面對了自己，最後決定要徹底以收入作為考量來選擇工作，也完全沒有問題。

聚焦在收入上進行決策，你會逐漸的了解自己需要多少錢來維持生活。至於那些擔心在轉職時收入減少的人，往往搞不清楚自己至少需要多少錢才夠用，所以從釐清這一點的意義來說，把工作目的聚焦在收入之上，其實也未嘗不可。

總之，許多人把工作放在人生中的占比太大，應該也可說是對工作的期待太高了。如果滿分是五分，他們很容易覺得非拿到五分不可。

你至少應該這麼想：「因為是工作，本來多少都有些辛苦之處，但我的人際關係融洽、也沒有感到太大的壓力，這樣就很好了。」也不須在工作中過度追求成就感。如果滿分是五分，拿到三分就已經很不錯，只要別掉到兩分以下，就已經很足夠了。

第五章

人生並非只有一種選項

1 讓生活比工作更充實

我曾在 Caster 股份有限公司擔任董事一職，該公司約有八百名員工，幾乎所有人都以遠距工作為主。這在現今的日本企業中是相當少見的嘗試，所以我收到了大量的媒體採訪邀請。

我對於受到關注由衷的感到快樂，但在另一方面，全體員工都進行遠距工作的公司這點被過於強調，感覺也是有點特立獨行。因此，有人會認為 Caster 只是一家奇特的公司，做著異於常人的嘗試。搞不好也有人認為，我們只是招募了就算用遠距工作這種特殊的方式，也能輕鬆取得成果的優秀人才，必然沒有那麼容易仿效。

然而，在 Caster 工作的員工都是資歷極其普通的人，不具備什麼適合遠距工作的特殊才能。他們只是由於種種原因，選擇了遠距工作的職場，並且所有人齊心協力的合作，才發展到現在這樣的規模。

一直到現在為止，仍有許多企業認為員工都該在同一時間、同一地點，以相同的僱用形式來工作。應屆畢業生會被統一招募，無論是對工作的價值觀、與公司之間的關係，都被要求得遵循一致的模式。因此，或許他們一開始並沒有考慮到全員都進行遠距工作的可能性。也許就是這樣的單一思維，才構成了許多的職涯迷思。

然而在現今時代，大家都認為無論是生活方式或工作方式，都應該更加的多元。過去許多人武斷的認定「大家都一樣」，現在我們也已經明白其實大家都不一樣。作為如此多元工作方式的選項之一，Caster 的遠距工作模式就是一個例子。

如果工作方式的規則有了改變，職涯規畫也應該更加多元化，並符合每個人的需求。**有人會將升遷、提高收入視為職涯的核心，也有人認為工作只是賺取最基本生活費的手段，希望增加更多的時間來陪伴家人。我認為，每一種人都有各自適合的職涯。**

女性求職的傳統觀念

儘管我們開始理解每個人都不同，但企業和人們的意識並沒有完全擺脫過去單一的主觀思維，這也是事實。

舉例來說，Caster 的員工男女比例目前是一：九，女性明顯占了絕大多數。也有許多人是以業務委託的形式擔任團隊領導，可以彈性工作，另外也有不少人選擇短時間工作的型態。

每當我談到 Caster 的工作方式，必然會有男性這麼說：「真是一家好公司，我想推薦給太太。」只要一併考慮到 Caster 的男女比例，男性似乎都會無意識的覺得「遠距工作就是女性在做的事」、「這是育兒媽媽的工作」。

總而言之，他們認為每週進辦公室工作五天的正職員工才是主流的工作方式，而遠距公司只不過是次要的選擇。當孩子真正出生時，會打算自己改為遠距工作、短時間出勤的男性，或許仍是少數。

令人遺憾的是，許多女性因為結婚、生子、育兒、照顧長者這類人生階段的改變，往往都不得不改變自己的職涯和工作方式，這就是她們的現狀。或許就是因為這個原因，來到 Caster 應徵的求職者才會以女性居多。

尤其在日本，人們的心中依然強烈傾向將男性和工作、女性和家庭捆綁在一起思考。儘管請育嬰假的男性人數已經逐漸增加，但還是會有主管悄悄的對他們耳語：「等你回來的時候，搞不好就沒有你的位置了。」

此外，在全國各地都設有分店據點的企業裡，不能接受調職的人通常會被排除在綜合職（譯註：日本企業的一種職位類型，指具備全方位業務能力的員工。這類員工通常會接受公司的長期培訓，在不同部門之間進行輪調，以培養多方面的專業技能和管理能力，因此多半可望晉升為管理職）之外，無法走上升遷之路，這樣的故事也是時有所聞。這讓我不禁認為，日本至今仍然延續著昭和時代「男主外、女主內」的生活模式。

然而，根據二〇二〇年的國勢調查（譯註：日本的全國人口與住宅普查，相當於臺灣的人口及住宅普查），夫妻雙薪家庭的比例為六九．二％，約占全體的七成。儘管女性進入職場的比例已經這麼高，社會上依然普遍存在著妻子要負擔家務的觀念。

正因為這樣的觀念，和女性的現況相比，男性幾乎不曾面臨「必須重新審視自己的工作方式或職涯」的局面。他們會持續待在應屆畢業之後就職的公司，直到退休為止，普遍來說都不會改變工作模式。堅持工作到退休那一刻，一直都被認為是重要的職涯目標。

不過，近年隨著社會本身的變化，人們為了打造出讓女性方便工作的環境，以大企業為中心而建立的各項制度正逐步變得完善。

未來，創造一個無論男性、女性都能不受性別限制，可更加平等而靈活的工作的社會不僅至關重要，我認為每個人都要能選擇適合自身的職涯方式，這才是本質上的需求。

倘若男性的工作方式發生改變，女性的工作便利性一定也會有所改變。如果男性的職涯模式轉變，女性的職涯模式也必將隨之不同。我認為，我們應該追求一種沒有性別差異的職涯契合模式。

將工作方式與職涯規畫分開

前面提到人們普遍存在一種觀念，也就是每天進公司的正職員工才是主流，遠距公司只不過是次要的選擇，我認為這同樣也可以套用在正式僱用的正職員工，以及非正式僱用的派遣員工、計時人員、打工族或全職接案的自由工作者。

「正職員工是主流，除此之外的非正式員工都是次要的」這種想法始終根深柢固。正因如此，一旦成了非正式員工或自由業者，要再回到正職員工的行列會非常困難，這就是真實現況。即使非正式員工到人力資源公司登錄資料，試圖要轉為正職員工，也經常會在書面審查的階段就被淘汰掉了。

正職員工簡直成了一種特權階級，但一個人的技能或能力，原本就應該和僱用型態無關。儘管如此，這個時代的工作方式和職涯規畫卻往往被捆綁在一起討論。當然，這也是企業等僱用方的問題，但對於追求職涯契合的我們來說，也應該先充分了解這樣的現狀。

此外，我們不該勉強迎合這樣的社會前提，而是要**將工作方式和職涯規畫分開來**，盡可能選擇更可輕鬆發揮自身優勢的職場和工作方式。我在第四章的最後也說過，若能減少對工作的過度期待，將它僅當作一份工作來思考，職涯應該會變得更簡單、更輕鬆。

我常說：「**讓生活變得比工作更充實才重要。**」這裡所說的生活，就是指工作之外的時間。透過遠距工作，我遇見了許多因為擁有更多時間而讓生活變得充實的人。在商業的世界裡，充斥著許多將工作視為人生目標的言論和主張，我們才會很容易的就把工作看得過於沉重。儘管如此，我們的人生當然不僅由工作構成。在這個意義上，我希望你在思考職涯契合時，能著眼於充實自己的生活來面對工作。

第四章我回顧了自己的經歷，同時談到自己是如何逐步達到本書所說的職涯契合思維方式。在目前為止的職涯中，我在每一個階段思考的、實踐的每一件事，都和本書提到的職業契合的生活方式密切相關。期待這些思考能為各位讀者帶來啟發，進一步發現適合自己的職涯之路。

2 坦率的面對自己的選擇

如同本書多次提到，職涯有各式各樣的模式。正因為資訊量太龐大，或資訊過於泛濫，導致我們無法分辨自己真正需要的資訊是什麼，結果往往就在不清不楚的狀態下，被簡單易懂的口號或標語煽動。其中一個詞彙，就是一直被人們反覆討論的職業升遷。

人總是會不由自主的認為：在自己人生中見過最傑出的人，就是全世界最優秀的人。

我們很容易認為自己見過的那些頂尖優秀人士，在整個社會中也是最優秀的。但實際上，強中自有強中手。因此，要在擁有相同技能或優勢的人群中成為第一，其實非常困難，並不是每個人都能達到這個境界。既然如此，找到自己的生存環境並創造成果，或許更能過上充實的人生。

這樣的想法之所以在我的心中變得明確，一方面是因為正如前面所言，我一直都遵循著這樣的職涯選擇方式，也可能是因為我長期從事評價他人、招募人才的工作。再加上我一直都待在人力資源市場，所以很了解市場全局的平衡狀態，這一點應該也很關鍵。

因為我本身擁有被評價者、評價者，以及俯瞰市場全局這三個角度的觀點，才能針對職涯選擇提出各種多元化的建議。

能做的事和擅長的事

在我的朋友當中，也有一些非常優秀的人偶爾被問到：「為什麼你會去那家公司上班？」

結果不出所料，他們通常都在半年之後就辭職了。這些人明明難得具備了優勢，對於自身優勢卻不太理解，也不知道能在怎麼樣的環境中發揮。**這和能否勝任工作是兩碼子事。**

不過，關於工作場所的選擇方式，有幾個重點我希望你不要誤解。舉凡「與同事相處融洽」、「對公司的願景有共鳴」、「從事與自己喜歡的商品相關的工作」等當然都很重要。我也認同「不想跟討厭的人一起工作，想和合得來的人共事」這樣的想法，但這一切說到底都只是個人的偏好，**「個人偏好是否符合」和「個人優勢是否能發光」並不是同一件事**。這兩者經常被人們畫上等號。

這也是招募方在徵才時經常犯的錯誤，尤其是新創公司。常見的案例是他們非常強調「對願景的認同度才重要」，結果反而更容易看見能力差強人意，卻對公司願景極度有共鳴的人，沒有考慮到求職者的優勢在公司是否能有所發揮就錄用。

是否能認同工作環境，或者即使還不到認同、但至少不算討厭，以及是否和同事自在的相處，我認為這些都只是某種消極篩選的標準。縱使你認為企業不具備這些條件就出局，但即使企業具備了這些條件，也不代表一切都合乎你的期待（所謂「願景明確的企業」通常在新創公司中比較常見，這也是現實狀況）。

我在本書中提倡的職涯契合思維，不是把喜歡的事變成工作。順從自己的喜好固然很好，但並不代表它作為工作就一定能發展得順利。因此，我才說要了解自身優勢是什麼、思考在哪裡可以發揮這項優勢。

與其為了「最好把喜歡的事情當成工作」、「帶著成就感工作比較好」這類關乎職涯的動聽說詞而徬徨無措，不妨試著更簡單、直白的思考自己的選擇，你覺得如何？

首先，想做的事和能做的事、喜歡的事和適合的事是不一樣的。工作並不是人生的全部。希望你能從優勢×場所這道方程式出發，更簡單的思考自己能做什麼，以及自己適合做什麼。

不勉強轉職，也能打造幸福的職涯

此外，為了改變職涯而過度期待轉職，有時候反而會徒增對於轉職的焦慮。與其將職涯看得太遙遠，不如踏實的從自己腳下的一小步開始，或許更容易緩解那樣的焦慮。

轉職會大幅度的改變環境，包含人際關係、工作的進展方式，都必須一口氣因應各種變化。對這些變動感到焦慮的人，如果是公司職員，或許可以在做出轉職的選擇之前先嘗試公司內的部門調動，我認為這也是一個做法。

不僅限於部門調動，你也可以試著在部門內更換團隊，或接下專案負責人的角色。又或者，你可以待在現在的部門裡，同時支援其他部門的工作，這些嘗試都可能成為很棒的經驗。

在這個時代，副業也是重要的探索契機。如果不以收入為目的，就算只是加入自己感興趣的非營利團體，也很適合作為邁出第一步的選擇。

當你邁出這樣的一小步，如果過度考慮要發揮過往的經驗或技能，反而可能會成為不實踐的理由。對於職涯已有一定累積的人來說，他們很容易會覺得下一個職涯階段必須延續以往做過的事，並在原有的基礎上有所提升。

如果這個想法會成為你裹足不前的束縛，也許別思考這些事還比較好。

只要有興趣就勇敢嘗試，這樣就好了。

而且，有人正是實際上反覆進行著這樣的小步驟，才找到了適合自己的環境。

我有一位認識的女性朋友是產業保健師（譯註：在企業中負責管理員工健康的保健師，主要工作為改善員工的身心健康，並提升工作環境的安全與舒適性），她非常喜歡咖啡。這位朋友一直有個模糊的想法，希望有朝一日從事和咖啡相關的工作。然而，她並沒有考慮立刻就轉職到咖啡店。

那麼，她做了什麼？首先，因為她很喜歡咖啡，所以就從帶自己喜歡的咖啡豆到公司和大家分享開始做起。這個行動讓她深受好評，周圍的人也逐漸知道她是一名咖啡愛好者。她也發現大家都很喜歡她親自挑選、沖泡的咖啡。

接著，她參加了一個由非營利組織主辦的志工活動，為無家者烹煮食物。在那個活動中，她決定在非營利團體提供餐點的同時，也分享自己沖泡的咖啡。這又一次讓她獲得好評，也增強了她的信心。

於是，她萌生了嘗試在地方活動擺攤的念頭。不過，她覺得光是咖啡可能不夠有吸引力，於是決定發揮自己保健師的優勢來設計攤位，只要顧客攜帶自己健康診斷的結果報告前來，她就會提供相對應的建議。在顧客等待結果時，她再提供咖啡讓他們享用。

就這樣，她在沒有辭去工作的狀態下，一點一點累積了分享咖啡給人們的經驗，甚至選了一家晚上作為酒吧營業的店面，只租下假日白天的時段，嘗試真正的限時營運咖啡館。就這樣，她持續的體驗實際運營店鋪的感覺。

然後，事情朝著有趣的方向發展。有一家她經常光顧的咖啡店，其店主因年事已高而詢問她是否願意接手，最後她就真的開始經營了。

從保健師轉變為咖啡店經營者，這就是她真正從身邊的小事開始嘗試、順應自己的興趣，一步步往下探索的結果。與其冒著風險、承擔焦慮而邁出巨大的步伐，不如一點一滴的追求自己人生的充實感，最終找到適合自己的職涯之路——這正是我所認為的幸福職涯。

當然，這位保健師僅是一個案例。她善用原本保健師的職涯經驗，最後成功找到了適合自己的環境。

有人目前還是學生，準備接下來開始求職；有人已經在職場上奮鬥了一段時間，對工作感到不滿、焦慮，於是轉職也成了他的選項之一。職涯的規畫方式千百種，我認為有多少讀者，就有多少種可能。

消除金錢焦慮的方式

在考慮職涯時，也有許多人會先對金錢感到焦慮：「如果轉職了，收入會不會降低？」、「成為自由工作者後，我可以養活自己嗎？真的好擔心。」除此之外，應該還有一些不安的聲音，隱含著「生了孩子後，憂心能否像之前一樣工作」這類社會問題。

不過，關於金錢這件事，我認為或許也可以試著更坦率、更簡單的思考。我也曾不斷飽受金錢相關的焦慮之苦。

我的原生家庭家境貧困，所以我大學時期一直都靠打工來維持生計。對於金錢的擔憂，最終持續到我三十幾歲時，才終於能賺到即使過著普通生活，也可以感到滿足的收入。雖然當時我還是單身，但已經可以在不過度勉強自己的狀態下過日子，存款自然也持續的增加。

就在這個時候，我才明白：「原來只要賺到這個程度的收入，我一個人生活就沒問題了。」支撐自己生活的收入標準，就這樣變得明確了起來。

在那之前，我一直執著於提高他人對自己的評價、增加更多收入。或許是因為我原本家境貧窮，所以才傾注全力的去追求收入。最後，我了解到自己究竟需要多少收入，才能維持對自己來說足夠的生活水準。

可說是正因為我知道了這個標準，才敢於做出離開 DeNA、獨立創業，以及轉職到其他公司的決定。

關於收入，社會上似乎瀰漫著一種風氣——大家都模糊的以「年收入一千萬日圓」為目標。此數字雖然常被用來判斷一個人是否為菁英，我們卻不是很明白，這樣的收入對於個人來說是否真的有必要？

可能有人試著賺錢，後來發現其實年收入六百萬日圓已經足夠；相反的，也有人即使年收入兩千萬日圓，也依然感覺不夠。

所以，年收入一千萬日圓根本就只是一個模糊的目標罷了。因為不清楚自己生活究竟需要多少錢才足夠，人們才會無意識的設下年收入一千萬日圓這樣的目標。

既然如此，如果你對金錢感到焦慮，何不就全力以赴專注於提升收入？試著更單純的只考慮收入，再來規畫你的職涯。這麼做之後，搞不好你就知道自己不需要年收入一千萬日圓，或需要更高的收入才會感到滿足。

知道自己的需求門檻，也能幫助你找到適合自己的職涯。因此，當你感到迷茫時，不妨就試著坦率、簡單的順從自己的需求來思考職涯，或許也是個不錯的做法。

在本書的最後，我們來練習尋找自己的優勢（同步參考第一四四頁圖表）。先參考左頁的範例圖，再試著實際填寫第二一四頁空白圖表。

將自己眼中的優勢（擅長的事情）和弱項（不擅長的事情）放在橫軸（x軸），他人眼中你的優勢（擅長的事情）和弱項（不擅長的事情）則放在縱軸（y軸），試著整理出你的自身優勢與弱項。

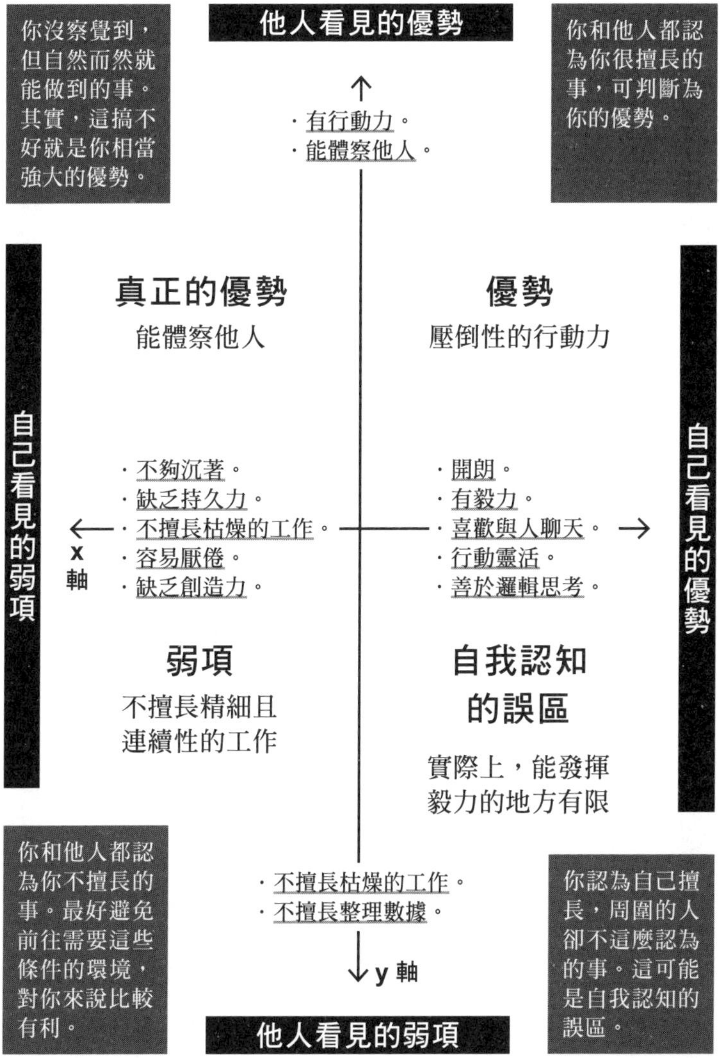
你沒察覺到，但自然而然就能做到的事。其實，這搞不好就是你相當強大的優勢。
他人看見的優勢
你和他人都認為你很擅長的事，可判斷為你的優勢。
·有行動力。
·能體察他人。
真正的優勢
能體察他人
優勢
壓倒性的行動力
自己看見的弱項
自己看見的優勢
·不夠沉著。
·缺乏持久力。
·不擅長枯燥的工作。
·容易厭倦。
·缺乏創造力。
x 軸
·開朗。
·有毅力。
·喜歡與人聊天。
·行動靈活。
·善於邏輯思考。
弱項
不擅長精細且連續性的工作
自我認知的誤區
實際上，能發揮毅力的地方有限
你和他人都認為你不擅長的事。最好避免前往需要這些條件的環境，對你來說比較有利。
·不擅長枯燥的工作。
·不擅長整理數據。
y 軸
你認為自己擅長，周圍的人卻不這麼認為的事。這可能是自我認知的誤區。
他人看見的弱項

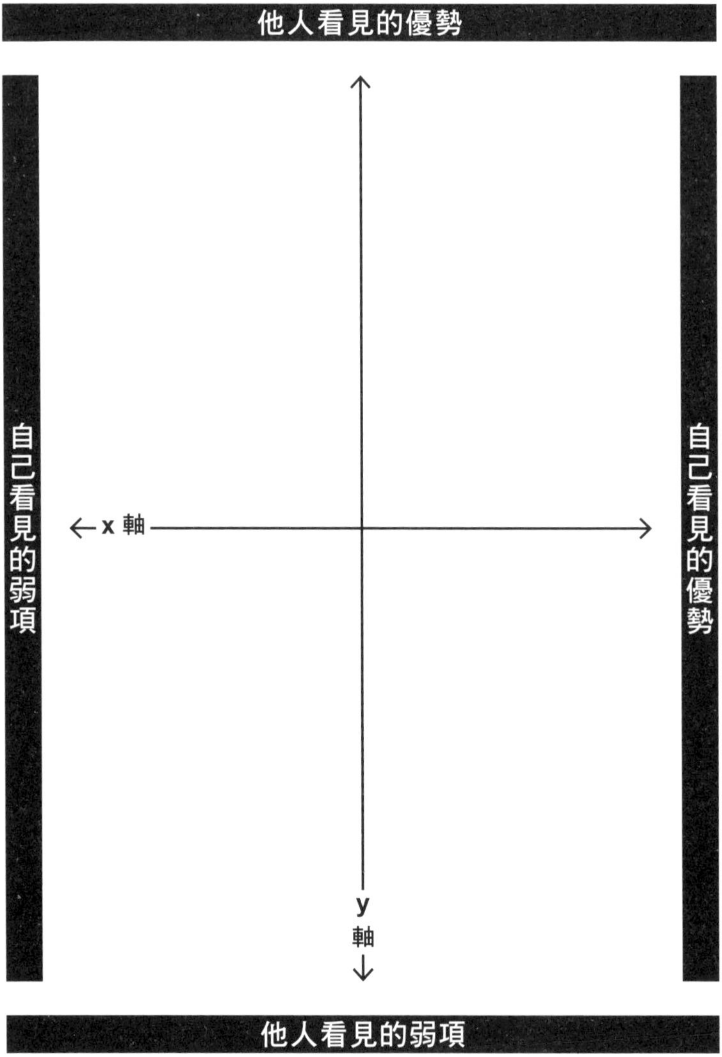
他人看見的優勢
自己看見的弱項
自己看見的優勢
x 軸
y 軸
他人看見的弱項

結語
選擇逃跑也無所謂

認真分析自身優勢，持續選擇適合優勢的工作場所——只要能將優勢×場所方程式發揮至極限，我相信你一定能打造出適合自己的職涯。

當我被問到應該怎麼建構職涯時，我能說的是：希望大家先理解適職的思考方式，再以此為基礎，各自探索出適合自己的職涯，僅此而已。我無法具體告訴你該建構怎麼樣的職涯。

人有各式各樣的個性。就如我在本書裡提到，正因為「每個人都不同」，每個人才會擁有屬於自己的職涯。

回顧我的職涯，雖然我說自己原本就非常善於銷售，卻一直有「無法與他人共情」、「不理解他人的煩惱」的特質，對於人際溝通相當不擅長。到了三十多歲，我被診斷為自閉症類群障礙，但自己、家人、朋友都神奇的接受了這個狀況。這就是從童年開始就一直陪伴著我、難以改變的特質。

我應該一輩子都無法脫離這項特質。但也正因如此，才促使我不斷尋找能發揮自我的環境，並持續棲身於那些地方——現在回顧起來，這應該也是屬於我的職涯的一大特徵。

總而言之，你可以逃避不擅長的事。我就是一直致力於待在可發揮自身優勢、專長的環境裡。無論再怎麼提升能力、磨練技能，有時候也會因為環境、成員的契合度不高，導致無法發揮價值。

而且，試圖克服不擅長的事，往往會迫使你面對自己討厭的部分，結果反而會喪失信心。以我來說，接受診斷之後就會感覺心裡輕鬆一些，但如果是面對「想改善，卻怎麼樣都改變不了」的特質，可就會變得更痛苦了。

所以，與其勉強對抗「想改變，卻無法改善」的事，還不如比別人更努力尋找自己能成為第一的工作場所。相反的，**當你感覺自己好像快要變成做**

不到的那一方時，那麼改變環境、選擇逃跑也無所謂。

這就是我的生存策略，也是我所描繪的職涯路徑。你可以逃離不擅長的事情。請以能發揮優勢的環境為目標，這就是我在本書闡述職涯契合的概念原點。

比起勉強克服不擅長的事，不如找到一個能充分發揮自己所長的地方，這樣更能快樂的生活。

所謂「一定要找到適合自己的工作」這句話，在我看來只是一種執念罷了。結果是很多人都因此而感到痛苦。坦白說，我也無法確定當前的工作是否適合自己、究竟是不是我的適職。我只是選擇了那些需要我的能力、技能的職場而已。

因此，我希望讀過本書的各位也要更加勇敢，逃向自己能閃閃發光的地方。你可以忽略「你就應該這樣生活」的世俗聲音，更加坦率的忠於自我、任性的生活，這樣不是很好嗎？

國家圖書館出版品預行編目（CIP）資料

實現自我的不是天職，是適職：該不該繼續這份工作？去考個證照吧？我該當主管嗎？讓工作迷茫瞬間消散的適職思考法。／石倉秀明著；黃立萍譯 .
-- 初版 . -- 臺北市：任性出版有限公司，2025.03
224 面；14.8×21 公分 . --（issue；085）
譯自：CAREER FIT 仕事のモヤモヤが晴れる適職の思考法
ISBN 978-626-7505-44-1（平裝）

1. CST：職場成功法

494.35 113019249

issue 085

實現自我的不是天職，是適職

該不該繼續這份工作？去考個證照吧？我該當主管嗎？
讓工作迷茫瞬間消散的適職思考法。

作　　者／石倉秀明
譯　　者／黃立萍
校對編輯／林渝晴
副 主 編／馬祥芬
副總編輯／顏惠君
總 編 輯／吳依瑋
發 行 人／徐仲秋
會計部｜主辦會計／許鳳雪、助理／李秀娟
版權部｜經理／郝麗珍、主任／劉宗德
行銷業務部｜業務經理／留婉茹、專員／馬絮盈、助理／連玉
　　　　　　行銷企劃／黃于晴、美術設計／林祐豐
行銷、業務與網路書店總監／林裕安
總 經 理／陳絜吾

出 版 者／任性出版有限公司
營運統籌／大是文化有限公司
　　　　　臺北市 100 衡陽路 7 號 8 樓
　　　　　編輯部電話：（02）23757911
　　　　　購書相關諮詢請洽：（02）23757911 分機 122
　　　　　24 小時讀者服務傳真：（02）23756999
　　　　　讀者服務 E-mail：dscsms28@gmail.com
　　　　　郵政劃撥帳號：19983366　　戶名：大是文化有限公司

香港發行／豐達出版發行有限公司　Rich Publishing & Distribution Ltd
　　　　　地址：香港柴灣永泰道 70 號柴灣工業城第 2 期 1805 室
　　　　　Unit 1805, Ph.2, Chai Wan Ind City, 70 Wing Tai Rd, Chai Wan, Hong Kong
　　　　　電話：21726513　傳真：21724355　E-mail：cary@subseasy.com.hk

封 面 設 計／尚宜設計有限公司
內 頁 排 版／吳思融
印　　　刷／鴻霖印刷傳媒股份有限公司
出 版 日 期／2025 年 3 月初版
定　　　價／新臺幣 399 元（缺頁或裝訂錯誤的書，請寄回更換）
I S B N／978-626-7505-44-1
電子書 ISBN／9786267505427（PDF）
　　　　　　9786267505434（EPUB）

CAREER FIT SHIGOTO NO MOYAMOYA GA HARERU TEKISYOKU NO SHIKOHO
by
Hideaki Ishikura